人工智能应用与实战系列

自然语言处理应用与实战

韩少云　裴广战　吴飞　等编著

电子工业出版社

Publishing House of Electronics Industry

北京·BEIJING

内 容 简 介

本书系统介绍了自然语言处理及深度学习，并结合实际应用场景和综合案例，深入浅出地讲解自然语言处理领域的相关知识。

全书共 15 章，分为 4 个部分。第 1 部分是自然语言处理基础，首先介绍自然语言处理的相关概念和基本技能，然后介绍词向量技术和实现方法，最后介绍关键词提取技术。第 2 部分是自然语言处理核心技术，分别介绍朴素贝叶斯算法、N-gram 语言模型、PyTorch 深度学习框架、FastText 模型文本分类和基于深度学习的文本分类。第 3 部分是序列标注，介绍序列标注的具体应用，如 HMM 词性标注和 HMM 命名实体识别等常见的自然语言处理应用场景。第 4 部分是预训练模型，它在很大程度上促进了自然语言处理的发展，这部分内容关注预训练模型的具体应用，如 ALBERT 的命名实体识别、Transformer 的文本分类、BERT 的文本相似度计算、ERNIE 的情感分析等。

本书适合对人工智能、机器学习、深度学习和自然语言处理感兴趣的读者阅读，也可以作为应用型本科院校和高等职业院校人工智能相关专业的教材。

图书在版编目（CIP）数据

自然语言处理应用与实战 / 韩少云等编著. —北京：电子工业出版社，2023.3
（人工智能应用与实战系列）

ISBN 978-7-121-45017-4

Ⅰ. ①自… Ⅱ. ①韩… Ⅲ. ①自然语言处理 Ⅳ.①TP391

中国国家版本馆 CIP 数据核字（2023）第 021081 号

责任编辑：林瑞和　　　　　　特约编辑：田学清
印　　刷：北京瑞禾彩色印刷有限公司
装　　订：北京瑞禾彩色印刷有限公司
出版发行：电子工业出版社
　　　　　北京市海淀区万寿路 173 信箱　　　　邮编：100036
开　　本：787×980　　1/16　　印张：17.75　　字数：396 千字
版　　次：2023 年 3 月第 1 版
印　　次：2023 年 3 月第 1 次印刷
定　　价：102.00 元

凡所购买电子工业出版社图书有缺损问题，请向购买书店调换。若书店售缺，请与本社发行部联系，联系及邮购电话：（010）88254888，88258888。

质量投诉请发邮件至 zlts@phei.com.cn，盗版侵权举报请发邮件至 dbqq@phei.com.cn。

本书咨询联系方式：（010）51260888-819，faq@phei.com.cn。

《自然语言处理应用与实战》
编委会

前 言

  语言是同类生物之间由于沟通需要而形成的具有统一编码、解码标准的指令。语言的魅力和独特性在于不同的语境也会赋予语言不同的意义，需要匹配相应的逻辑思维去理解。自然语言是人们交流情感最基本、最直接、最方便的表达工具，人们日常使用的汉语、英语、法语等都是自然语言，它是随着人类社会发展演变而来的。概括来讲，自然语言是指人类社会约定俗成的，区别于人工语言（如程序设计语言等）的语言。时至今日，计算机作为服务人的工具，人们更希望能用和人交流的方式与计算机进行交流，让计算机理解人类的语言，懂得人类的意图和心声。于是，让机器理解自然语言受到了无数优秀的学者和科研人员的关注，最终发展为人工智能领域的一个重要分支——自然语言处理。

  现如今，自然语言处理技术已经取得了长足的进步，而且自然语言处理技术不断与语音识别、语音合成等语音技术相互渗透结合形成新的研究分支。我们平时常用的搜索引擎、新闻推荐、智能音箱等产品，都是以自然语言处理技术为核心的人工智能产品。同时，随着计算机及相关技术的发展和算力的提升，以及互联网的爆炸式发展和图形处理器（GPU）算力的进一步提升，自然语言处理迈入了深度学习时代，越来越多的自然语言处理技术趋于成熟并显现出巨大的商业价值。

- 机器翻译：机器翻译指的是实现一种语言到另一种语言的自动翻译。目前，谷歌翻译、百度翻译、搜狗翻译等行业巨头推出的翻译平台占据了翻译行业的主导地位。
- 问答系统：问答系统是指计算机利用计算系统理解人提出的问题，并根据自动推理等手段，在已有的知识资源中进行检索、匹配，将获取的结果反馈给用户的系统。问答系统在智能客服和搜索引擎中得到了广泛的应用。
- 情感分析：情感分析可以定义为一个分类问题，即指定一个文本输入，计算机通过对文本进行分析、处理和归纳后自动判断文本的情感类别。情感分析在推荐系统中体现出了巨大的商业价值。
- 信息抽取：信息抽取是指从文本或海量文本中抽取用户感兴趣的信息的技术。
- 文本摘要：文本摘要是指将原文档的主要内容或某方面的信息自动提取出来，形成原文档的摘要和缩写的技术。

随着自然语言处理技术的不断发展，国内外自然语言处理应用型人才的缺口也逐年增大。

究其原因，一方面源于近几年各行业对自然语言处理领域人才的需求快速增加；另一方面自然语言处理是综合性学科，涉及高等数学、概率论、信息学、计算机科学等众多学科，因此其入门门槛较高，需要技术人员掌握人工智能相关的多种理论基础和模型算法。市面上大多数自然语言处理方面的书籍也都更注重理论基础的讲解，案例方面的书籍相对较少。无可厚非，理论知识是掌握自然语言处理必不可少的基础，但案例实战同样是应用型人才应该具备的素质，也是帮助学习者更好地理解理论知识的最佳方式。为此，达内时代科技集团将以往与自然语言处理相关的项目经验、产品应用和技术知识整理成册，通过本书来总结和分享自然语言处理领域的实践成果。我们衷心希望本书能为读者开启自然语言处理之门！

本书内容

本书围绕自然语言处理的基本概念、基础技术、核心技术和预训练模型等内容进行讲解，理论联系实际，采用大量丰富案例，力求深入浅出，帮助读者快速理解自然语言处理相关模型和算法的基本原理与关键技术。本书既适合本科院校和高职院校的学生学习使用，也适合不同行业的自然语言处理爱好者阅读。在内容编排上，本书的每章都具备一定的独立性，读者可以根据自身情况进行选择性阅读；同时各章之间循序渐进地形成有机整体，使全书内容不失系统性与完整性。本书包含以下章节。

- 第 1 部分（第 1～3 章）：自然语言处理基础。该部分首先介绍自然语言处理的相关概念和基本技能，然后介绍词向量技术和实现方法，最后介绍关键词提取技术的具体实现。
- 第 2 部分（第 4～8 章）：自然语言处理核心技术。该部分主要介绍使用机器学习和深度学习实现文本分类，如用机器学习中的朴素贝叶斯算法实现中文文本分类，基于 N-gram 语言模型实现新闻文本预测；深度学习部分内容介绍了 PyTorch 框架的使用，FastText 模型文本分类和基于深度学习算法的文本分类。
- 第 3 部分（第 9～11 章）：序列标注。该部分介绍序列标注的具体应用，如 HMM 的词性标注和 HMM 的命名实体识别等常见的自然语言处理应用，首先使用 HMM 算法分别实现中文文本的词性标注和中文命名实体识别，最后介绍 BiLSTM-CRF 的命名实体识别。
- 第 4 部分（第 12～15 章）：预训练模型。随着自然语言处理技术的发展，预训练模型在很大程度上促进了自然语言处理的发展，这部分内容介绍预训练模型的具体应用，如使用 ALBERT 实现命名实体识别、使用 Transformer 实现中文文本分类、使用 BERT 实现文本相似度计算、使用 ERNIE 实现情感分析等。

书中理论知识与实践的重点和难点部分均采用微视频的方式进行讲解，读者可以通过扫描每章中的二维码观看视频、查看作业与练习的答案。

另外，更多的视频等数字化教学资源及最新动态，读者可以关注微信公众号，或者添加小书童获取资料与答疑等服务。

高慧强学 AI 研究院微信公众号

高慧强学微信公众号

达内教育研究院 小书童

致谢

本书是达内时代科技集团人工智能研究院团队通力合作的成果。全书由韩少云、冯华、刁景涛策划、组织并统稿，参与本书编写工作的有达内集团及院校的各位老师，他们为相关章节材料的组织与选编做了大量细致的工作，在此对各位编者的辛勤付出表示由衷的感谢！

感谢电子工业出版社的老师们对本书的重视，他们一丝不苟的工作态度保证了本书的质量。

为读者呈现准确、翔实的内容是编者的初衷，但由于编者水平有限，书中难免存在不足之处，敬请读者批评指正。

编　者

2023 年 2 月

读者服务

微信扫码回复：**45017**

• 获取本书配套习题

• 加入本书交流群，与作者互动

• 获取【百场业界大咖直播合集】（持续更新），仅需 1 元

目　录

第 2 部分　自然语言处理核心技术

第1部分 自然语言处理基础

自然语言处理（Natural Language Processing，NLP）是计算机科学领域与人工智能领域的一个重要方向。它主要研究人与计算机之间用自然语言进行有效通信的各种理论和方法。自然语言处理是一门包含计算机科学、数学和语言学的综合性学科。简单来说，自然语言处理就是机器与人之间的沟通桥梁，以实现人机交流。

自然语言处理作为计算机与人之间的沟通桥梁，它包含两大核心任务：一是计算机能够自动或半自动地理解自然语言文本，懂得人的意图；二是计算机能自动处理、挖掘和有效利用海量语言文本，满足不同用户的各种需求，实现个性化信息服务。本部分主要讲述自然语言处理的基础，包括第1~3章，主要包括以下几部分内容。

（1）第1章为自然语言处理综述。首先介绍自然语言处理的基本概念、发展历程、研究内容和挑战与发展趋势。其次介绍文本处理技能，包括字符串处理和中文分词，重点介绍如何使用jieba实现中文分词。最后介绍文本数据处理，包括文本操作基础、文本数据统计和词云生成，重点内容是使用wordcloud实现词云生成。

（2）第2章为词向量技术。首先介绍词向量，重点是词向量表示的问题。其次介绍词向量离散表示，包括独热编码、词袋模型和词频-逆文本频率等。最后介绍词向量分布表示，包括神经网络语言模型、Word2vec模型、中文词向量训练。

（3）第3章为关键词提取。首先介绍关键词提取技术和算法，包括关键词提取基础、基于TF-IDF的关键词提取、基于TextRank的关键词提取、基于Word2vec词聚类的关键词提取。其次介绍关键词提取的实现，包括案例介绍、关键词提取综合案例。

第1章

绪　论

本章目标

- 了解自然语言处理的基本概念和发展过程。
- 掌握自然语言处理的研究内容。
- 掌握基本的文本处理技能。
- 会使用 jieba 实现中文分词。
- 会使用 wordcloud 生成词云。

目前，各种文化不断交融，沟通已不再是人与人之间交流的主要障碍。时至今日，计算机作为服务人的机器，人们一直试图通过自然语言与计算机进行通信。人们更希望用跟人交流的方式与机器进行交流，而让机器理解自然语言则成为人工智能事业的前提条件。于是，自然语言处理（Natrual Language Processing，NLP）就诞生了。

近年来，自然语言处理研究得到了人们前所未有的重视和长足的进展，并逐渐发展成为一门相对独立的学科，而且自然语言处理技术不断与语音识别、语音合成等语音技术相互渗透结合形成新的研究分支。本章将介绍自然语言处理的基本内容，主要内容包括自然语言处理综述、文本处理技能、文本数据处理。

1.1　自然语言处理综述

1.1.1　自然语言处理的基本概念

NLP-01-v-001

　　语言是生物同类之间由于沟通需要而形成的，具有统一编码解码标准的指令。语言的魅力和独特性在于不同的语境也会赋予语言不同的意义，需要匹配相应的逻辑思维去理解并进行对话，当这样的对话发生在没有相似思维和经历的两者身上时，沟通就变得不再顺畅，大大增加了沟通的成本。

　　自然语言是人们交流情感最基本、最直接、最方便的表达工具，人们日常使用的汉语、英语、法语等都是自然语言，它是随着人类社会发展演变而来的。概括来讲，自然语言是指人类社会约定俗成的，区别于人工语言（如程序设计语言等）的语言。

　　通俗来讲，自然语言处理是研究如何利用计算机技术对语言文本（句子、篇章或话语等）进行处理和加工的一门学科，研究内容包括对词法、句法、语义和语用等信息的识别，分类，提取转换和生成等各种处理方法和实现技术。

　　随着计算机和互联网技术的发展，自然语言处理技术已在各领域广泛应用。自然语言处理技术在各领域的应用如图 1.1 所示，在当今的人工智能革命中，计算机将代替人工处理大规模的自然语言信息。我们平时常用的搜索引擎、新闻推荐、智能音箱等产品，都是以自然语言处理技术为核心的人工智能产品。

图 1.1　自然语言处理技术在各领域的应用

1.1.2 自然语言处理的发展历程

NLP-01-v-002

自然语言处理的发展大致经历了 4 个阶段：1956 年以前的萌芽期，1957—1970 年的快速发展期，1971—1993 年的低谷发展期和 1994 年至今的复苏融合期。图 1.2 所示为自然语言处理的发展历程。

1948 年香农把马尔科夫过程（Markov Progress）应用于自然语言建模，并提出把热力学中"熵"（Entropy）的概念扩展到自然语言处理领域。自然语言跟其他物理世界的符号一样，是具有规律的，因此统计分析可以帮助我们更好地理解自然语言。

1956 年诺姆·乔姆斯基（Noam Chomsky）提出了"生成式文法"的概念，他认为在客观世界存在一套完备的自然语言生成规律，每一句话都遵守这套规律，人们可以通过总结客观规律掌握自然语言的奥秘。从此，自然语言处理的研究进入了快速发展期。

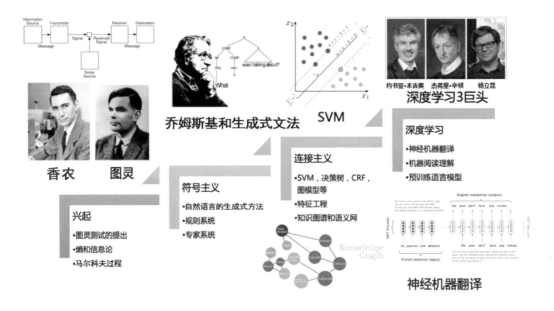

图 1.2　自然语言处理的发展历程

在自然语言处理的快速发展期，自然语言处理的研究在这一时期分为了两大阵营。一个是基于规则方法的符号派（Symbolic），另一个是以概率统计为基础的连接主义派。在这一时期，两种方法的研究都取得了长足的发展。1966 年，完全基于规则的对话机器 ELIZA（见图 1.3）在 MIT 人工智能实验室诞生了。

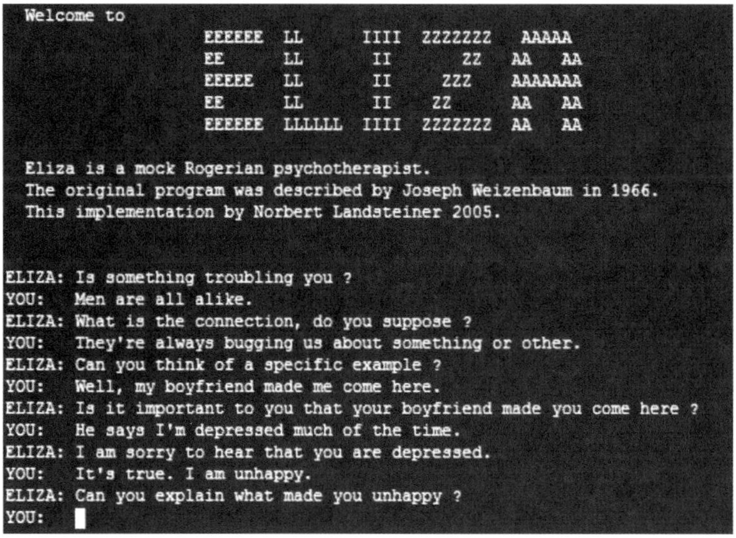

图 1.3 完全基于规则的对话机器人 ELIZA

随着计算机及相关技术的发展和算力的提升，以及互联网的爆炸式发展和 GPU 算力的进一步提高，自然语言处理迈入了深度学习时代。基于海量的数据，并结合神经网络的强大拟合能力，现如今我们可以解决各种自然语言处理问题。越来越多的自然语言处理技术趋于成熟并显现出巨大的商业价值，自然语言处理和人工智能技术进入了复苏融合期。

1.1.3　自然语言处理的研究内容

自然语言处理在广义上可以分为两大类：第一类是自然语言理解，是指让计算机读懂人的语言，懂得人的意图；第二类是自然语言生成，它的主要目的是降低人类和机器之间的沟通鸿沟，将非语言格式的数据转换成人类可以理解的自然语言的格式。自然语言处理的技术按照由浅入深可以分为三个层次，分别为基础技术、核心技术和应用。语言处理技术的相关内容，如表 1.1 所示。

表 1.1　语言处理技术的相关内容

基 础 技 术	核 心 技 术	应 用
词法分析	机器翻译	智能客服
句法分析	问答系统	搜索引擎
命令实体识别	情感分析	推荐系统
语义分析	信息抽取	舆情分析
篇章分析	文本摘要	知识图谱

自然语言处理的基础技术主要处理以自然语言中的词汇、短语、句子等为研究对象的任务。词法分析、句法分析、命名实体识别属于词和短语级别的任务，涉及的技术包括分词、词性标注等。语义分析和篇章分析属于句子和段落级别的任务，涉及的技术包括成分句法分析和依存句法分析等。

自然语言处理的核心技术是建立在基础技术之上的，如基础技术中词法、句法的分析越准确，核心技术的结果才能更准确。下面介绍核心技术的具体内容。

1. 机器翻译

机器翻译指的是实现一种语言到另一种语言的自动翻译。目前，谷歌翻译、百度翻译、搜狗翻译等行业巨头推出的翻译平台占据了翻译行业的主导地位。

2. 问答系统

问答系统是指计算机利用计算系统理解人提出的问题，并根据自动推理等手段，在已有的知识资源中进行检索、匹配，将获取的结果反馈给用户的系统。

3. 情感分析

情感分析可以定义为一个分类问题，即指定一个文本输入，计算机通过对文本进行分析、处理和归纳后自动判断文本的情感类别。情感类别一般分为积极、消极和中性。

4. 信息抽取

信息抽取是指从文本或海量文本中抽取用户感兴趣的信息的技术。

5. 文本摘要

文本摘要是指将原文档的主要内容或某方面的信息自动提取出来，形成原文档的摘要和缩写的技术。

目前智能客服、个人助理、推荐系统等自然语言处理的应用已经涉及人们生活的方方面面，这些都得益于自然语言处理技术的飞速发展。舆情分析可以帮助企业及时获取负面舆情，从而进行网络舆情的引导，使企业掌握信息传播的主动权。知识图谱的应用也在很大程度上提高了自然语言处理任务的准确性，进一步推动了自然语言处理技术的发展。自然语言处理技术的发展也使得人工智能可以面对更加复杂的情况、解决更多的问题，也为我们带来了一个更加智能的时代。

1.1.4 自然语言处理的挑战与发展趋势

1. 自然语言处理技术面临的挑战

如何让计算机像人一样思考，并能够准确理解和使用自然语言？这是当前自然语言处理领域面临的最大挑战。自然语言的形态各异，同样的句子在不同的语境中可以具有完全不同的意思，理解自然语言本身就是一件复杂的事情。例如，结构问题、歧义性问题都是自然语言处理常见的难点。我们可以通过以下几个例子感受一下。

1）结构问题

结构问题主要是研究句子成分之间的相关关系和句子组成序列的规则，下面三句话中前两句的含义是相近的，但是和第三句的含义则完全不同。

橘子，我吃了。
我吃了橘子。
橘子吃了我。

2）歧义性问题

请问如何理解"自动化研究所取得的成就"这一句话？这一句话按照不同的切分方式可以有不同的含义，一种是自动化研究取得了哪些成就，另一种则是自动化研究所取得了哪些成就。

自动化/研究/所/取得/的/成就。
自动化/研究所/取得/的/成就。

从上面的案例中我们可以感受到，自然语言处理有着大量的歧义现象，同时也面临着各种各样的挑战。归纳起来，自然语言处理面临的挑战如下。

（1）普遍存在的不确定性：词法、句法、语义和语用等各个层面。

（2）未知语言现象不可预测性：新的词汇、新的术语、新的语义和语法无处不在。

（3）始终面临数据的不充分性：有限的语言集合无法涵盖开放的语言现象。

（4）语义知识表达的复杂性：语义知识模型和错综复杂的关联性难以用常规的方法进行有效描述，这为语义的计算带来了极大的困难。

2. 自然语言处理的发展趋势

随着深度学习时代的来临，预训练模型成了一种强大的学习工具，自然语言处理取得了许多突破性的进展，在机器翻译、智能问答、情感分析等领域都飞速发展。另外，超大规模的预训练模型成为全球人工智能技术研发的热点和竞争的焦点，有望引领未来十年的技术跃迁，自然语言处理的研究也进入了"大模型+大算力"的时代。

OpenAI 在 2020 年 5 月发布了当时最大的预训练模型，参数达到 1 750 亿个，在文本生成、对话、搜索等任务上性能优异。图 1.4 所示为 GPT-3 的聊天机器人和文本图像生成。

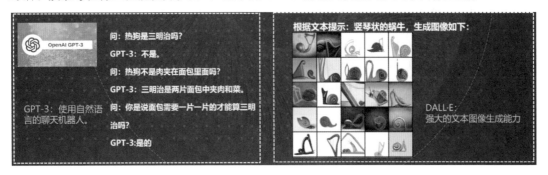

图 1.4　GPT-3 的聊天机器人和文本图像生成

2021 年 6 月，智源研究院发布了"悟道 2.0"模型，"悟道 2.0"模型的参数规模达到 1.75 万亿个，是 GPT-3 的 10 倍，打破了之前由 Google Switch Transforemr 预训练模型创造的 1.6 万亿个参数记录。"悟道 2.0"模型是中国首个万亿级模型。

"悟道"系列超大智能模型的目标是打造数据和知识双轮驱动的认知智能，让机器能够像人一样思考，得到超越图灵测试的机器认知能力。"悟道 2.0"模型在问答、作诗、视频、绘画、菜谱等多项任务中正逼近图灵测试。图 1.5 所示为"悟道 2.0"模型根据输入内容生成的诗词。

图 1.5　模型根据输入内容生成的诗词

总而言之，自然语言处理一直被视为实现强人工智能的核心技术之一，它的最终目标是缩短甚至消除人类交流和计算机理解之间的差距。随着计算机科学和人工智能的发展，自然语言处理将对科技进步做出不可磨灭的贡献。

1.2 文本处理技能

1.2.1 字符串处理

1. 字符串的创建

字符串是 Python 中最常用的数据类型，我们可以使用单引号或双引号来创建字符串。创建字符串很简单，只需要为变量分配一个值即可。

例如：

```
var1 = "AIX Eboard"
print(var1)
```

在终端查看 var1 变量中的内容如下所示：

```
AIX Eboard
```

此外，Python 支持三引号，用于包含特殊字符，保存原始格式，具体如下所示：

```
var2 = """Hello World.
...AIX Eboard"""
print(var2)
```

在终端查看 var2 变量中的内容如下所示：

```
Hello World.
...AIX Eboard
```

为了正确地表示字符串中的单引号，需要在字符串两边使用双引号。如果使用了单引号，就会出现语法错误。出现语法错误的程序如下所示：

```
var3 = 'I'm a teacher!'
print(var3)
```

在终端中查看变量 var3 的结果如下所示：

```
var3 = 'I'm a teacher!'
              ^
SyntaxError: invalid syntax
```

因此，在使用含有单引号的字符串时必须使用双引号。

2. 访问字符串中的值

Python 中使用方括号 [ ] 来访问字符串。按照从左到右的顺序取字符，第一个字符的索引（也称为下表）是 0；也可以按照从右到左的顺序取字符，索引值使用负数，最后一个字符的索引是 -1。如果使用的索引超出字符串本身的范围，则会出现"IndexError"越界错误。具体程序如下所示：

```
py_str = "AIX Eboard"
print(py_str[0])      # 访问第一个字符 A
print(py_str[-1])     # 访问最后一个字符 d
print(py_str[0:2])    # 访问前两个字符，取到下标 0 和 1
print(py_str[::-1])   # 从右到左取字符串，相当于源字符串的反转
print(py_str[10])     # 字符串长度为 10，所以下标最大取到 9
```

在终端中查看上述案例的输出结果如下所示：

```
A
d
AI
draobE XIA
Traceback (most recent call last):
    print(py_str[10])
IndexError: string index out of range
```

上述案例同时也给出了使用切片运算符 [:] 得到一部分字符串的方法。冒号左边是起始下标，右边是结束下标。其中，左边的下标包含在子字符串内，而结束下标对应的字符不包含在子字符串内。步长值也可以是负数，表示自右向左取切片。

3. 字符串的运算符

实例变量 a 值的字符串为"AIX"，变量 b 值为"Eboard"，字符串运算符示例如表 1.2 所示。

表 1.2　字符串运算符示例

操 作 符	描　述	实　例
+	字符串连接	a+b 输出结果：AIXEboard
*	重复输出字符串	a*2 的输出结果：AIXAIX
in	如果字符串中包含指定字符返回 True	A in a 输出结果是：True
not in	如果字符串中不包含指定字符返回 True	M not in a 输出结果：True

下面的代码给出了表 1.2 中字符串运算符的具体案例和运行结果。

```
a = "AIX"
b = "Eboard"
print("a + b 输出结果：", a + b)
print("a * 2 输出结果：", a * 2)
if ("A" in a):
    print(True)
if ("M" not in a):
    print(True)
```

在终端中查看上述案例的输出结果如下所示。

```
a + b 输出结果： AIXEboard
a * 2 输出结果： AIXAIX
True
True
```

1.2.2　中文分词及案例实现

NLP-01-v-003

中文分词指的是将中文句子切分成单独的词语。分词就是将连续的字序列按照一定的规则组合成词序列的过程。自然语言处理的多数任务都需要在词的基础上进行。因此，中文分词作为自然语言处理任务的底层技术，一定程度上决定了自然语言处理的任务能否取得好的结果。我们知道，英文是可以按照空格分割的，但是中文就有很大的不同，其难点在于中文的歧义现象和新词汇的出现。

所以，我们在进行自然处理任务的时候，要先对文本内容进行分词。本节将介绍 jieba 分词工具及其用法。

jieba 是一款非常流行的中文开源分词包，具有高性能、高准确率、高可扩展性等特点。jieba 分词支持四种模式。

（1）精确模式：试图将句子最精确地切开，适合文本分析。

（2）全模式：把句子中所有可以组成词的词语都扫描出来，速度非常快，但是不能解决歧义。

（3）搜索引擎模式：在精确模式的基础上，对长词再次切分，提高召回率，适用于搜索引擎分词。

（4）paddle 模式：利用 PaddlePaddle 深度学习框架，训练序列标注（双向 GRU）网络模型实现分词。jieba 分词如果要使用 paddle 模式就需安装 paddlepaddle-tiny。

1. 实验目标

使用 jieba 实现中文分词。

2. 实验环境

实验环境如表 1.3 所示。

表 1.3 实验环境

硬　　件	软　　件	资　　源
PC /笔记本电脑	Windows 10/Ubuntu 18.04 Python 3.7.3 jieba 0.42.1 paddlepaddle-tiny 1.6.1	无

3. 实验步骤

创建 words_seq.py 源码文件，用于实现词频的统计。
按照如下步骤编写代码。

步骤一：导入模块

```
# encoding=utf-8
import jieba
jieba.enable_paddle()                                    # 启动 paddle 模式
```

步骤二：创建 word_segment 函数，实现不同模式的分词

```
def word_segment():
    strs = "我来到北京清华大学"
    seg_list = jieba.cut(strs, cut_all=True)
    print("Full Mode: " + "/ ".join(seg_list))           # 全模式
    seg_list = jieba.cut(strs, cut_all=False)
    print("Default Mode: " + "/ ".join(seg_list))        # 精确模式
    seg_list = jieba.cut(strs, use_paddle=True)
    print("Paddele mode: " + "/ ".join(seg_list))        # paddle 模式
    seg_list = jieba.cut_for_search(strs)
    print("Search mode: " + "/ ".join(seg_list))         # 搜索引擎模式
```

步骤三：自定义 main 方法编写及主函数处理

```
def main():
    word_segment()
```

```
if __name__ '__main__':
    main()
```

步骤四：运行代码

使用如下命令运行实验代码。

```
python word_seg.py
```

经过运行，终端输出内容下所示：

```
Full Mode: 我/ 来到/ 北京/ 清华/ 清华大学/ 华大/ 大学
Default Mode: 我/ 来到/ 北京/ 清华大学
Paddele Mode: 我/ 来到/ 北京清华大学
Search Mode: 我/ 来到/ 北京/ 清华/ 华大/ 大学/ 清华大学
Loading model cost 0.875 seconds.
```

从以上结果可以看出，精确模式能获得句子的语义信息，因此自然语言处理的各种任务常常使用精确模式。全模式和搜索引擎模式适用于搜索和推荐领域，而 paddle 模式则和精确模式类似，不同之处在于 paddle 模式匹配会对包含语义最大的词组进行切分。

1.3　文本数据处理

1.3.1　文本操作基础

文本操作的基本步骤是：打开—读写—关闭。这里的"打开"并不是使用文本编辑打开一个文件，而是相当于用一个文件指针指向文件存储的起始位置。在 Python 中打开文件采用的方法是 open，常用的模式有读、写、追加等。表 1.4 给出了文件操作的不同模式。

表 1.4　文件操作的不同模式

模　　式	描　　述
r	读取文件，若文件不存在则会报错
w	写入文件，若文件不存在则会先创建再写入，会覆盖原文件
a	写入文件，在文件末尾追加写入
rb,wb	分别与 r，w 类似，但是用于读写二进制文件
r+	可读、可写，文件不存在也会报错，写操作时会覆盖
w+	可读、可写，文件不存在先创建，会覆盖
a+	可读、可写，文件不存在先创建，不会覆盖，追加在末尾

Python 中常用的读取文件的函数有三种，分别为 read( )、readline( )、readlines( )，下面分别介绍这三个函数的具体用法。test.txt 文本文件中的内容如图 1.6 所示。

> "你这人很特别，看得出来，你不是书呆子，你的目的性很强。"她说。
> "嗯？你们没有目的吗？"我随口问，也许，我是在班上唯一一个没同她说过话的男生。
> "我们的目的是泛泛的，而你，你在找什么很具体的东西！"
> "你看人很准。"我冷冷地说，同时收拾书包站起身。我是唯一一名不需时时对它们表现自己的人，所以有一种优越感。
> "你在找什么？"当我走到门口时，她在后面喊。
> "你不会感兴趣的。"我头也不回地走了。

图 1.6 test.txt 文本文件中的内容

以读取 test.txt 为例，查看 read、readline 和 readlines 函数的区别。

（1）read( )方法。通过文件对象的 read 方法读取内容，并以字符串的形式返回结果。

```python
with open("test.txt", "r", encoding='utf-8') as f:  # 打开文件
    data = f.read()                                  # 读取文件
    print(data)
```

通过变量 f 将文件的内容赋值给变量 data。文件的每行结尾处都有一个不可见的控制字符 "\n" 作为结束标志。通过 print 就可以打印出文件原本的内容。

代码运行结果如下所示：

> "你这人很特别，看得出来，你不是书呆子，你的目的性很强。"她说。
> "嗯？你们没有目的吗？"我随口问，也许，我是在班上唯一一个没同她说过话的男生。
> "我们的目的是泛泛的，而你，你在找什么很具体的东西！"
>   ...
>   ...

（2）readline( )方法。该方法只读取文本文件的第一行内容，以字符串的形式返回结果。

```python
with open("test.txt", "r", encoding='utf-8') as f:  # 打开文件
    data = f.readline()                              # 读取文件
    print(data)
```

readline( )方法从文件指针的位置开始，向后读到 "\n" 结束本次读取。

代码运行结果如下所示：

> "你这人很特别，看得出来，你不是书呆子，你的目的性很强。"她说。

（3）readlines( )方法。该方法读取文本文件中的所有信息，并以列表的方式返回结果。

```python
with open("test.txt", "r", encoding='utf-8') as f:  # 打开文件
    data = f.readlines()                             # 读取文件
    print(data)
```

readlines( )方法从文件指针的起始位置读到结尾，每一行作为列表中的一项，通常也可以结合 for 循环一起使用。

代码运行的结果如下所示：

```
['"你这人很特别，看得出来，你不是书呆子，你的目的性很强。"她说。\n', '"嗯？你们没有
目的吗？"我随口问，也许，我是在班上唯一一个没同她说过话的男生。\n', '"我们的目的是泛泛
的，而你，你在找什么很具体的东西！"\n', '"你看人很准。"我冷冷地说，同时收拾书包站起身。我
是唯一一名不需时时对它们表现自己的人，所以有一种优越感。\n', '"你在找什么？"当我走到门口
时，她在后面喊。\n', '"你不会感兴趣的。"我头也不回地走了。']
```

在本节最开始时我们已经提出，文件的基本操作是打开、读写和关闭，但是读者可以看到案例中的代码并没有手动关闭，这是因为使用 with 关键字打开文件可以省去这一步。当 with 语句结束时，文件自动关闭。

1.3.2　案例实现——文本数据统计

1. 实验目标

使用 Python 读取文本并统计词频。

2. 实验目标

实验环境如表 1.5 所示。

表 1.5　实验环境

硬　　件	软　　件	资　　源
PC /笔记本电脑	Windows 10/Ubuntu 18.04 Python 3.7.3 jieba 0.42.1	test.txt 数据文件

3. 实验步骤

创建 words_counter.py 源码文件，用于实现词频的统计。

按照如下步骤编写代码。

步骤一：导入模块

```python
import jieba
import collections
```

步骤二：编写 read_text 函数实现词频统计

```python
def read_text(file_path):
```

```
# 1.打开文件
with open(file_path, "r", encoding='utf-8') as f:  # 打开文件
    data = f.readlines()
    word_list = []
    # 2.按行遍历文件
    for line in data:
        line = line.strip()
        words = jieba.cut(line)
        for word in words:
            word_list.append(word)
# 3.统计列表中每个字符出现的次数
counter = collections.Counter(word_list).most_common()
print(counter)
```

步骤三：自定义 main 方法和主函数处理

```
def main():
    file_path = "test.txt"
    read_text(file_path)


if __name__  '__main__':
    main()
```

步骤四：运行代码

使用如下命令运行实验代码。

```
python words_counter.py
```

运行结果如下所示：

```
Prefix dict has been built successfully.
[('，', 10), ('。', 9), ('你', 8), ('的', 7), ('"', 6), ('"', 6), ('我',
5), ('在', 4), ('人', 3), ('她', 3), ('说', 3), ('？', 3), ('是', 3), ('很',
2), ('目的', 2), ('唯一', 2), ('看', 2), ('找', 2), ('什么', 2), ('这', 1),
('特别', 1), ('看得出来', 1), ('不是', 1), ('书呆子', 1), ('目的性', 1), ('很
强', 1), ('嗯', 1), ('你们', 1), ('没有', 1), ('吗', 1), ('随口', 1), ('问',
1), ('也许', 1), ('班上', 1), ('一个', 1), ('没同', 1), ('过', 1), ('话',
1), ('男生', 1), ('我们', 1), ('泛泛', 1), ('而', 1), ('顶', 1), ('具体',
1), ('东西', 1), ('！', 1), ('很准', 1), ('冷冷地', 1), ('同时', 1), ('收拾',
1), ('书包', 1), ('站', 1), ('起身', 1), ('一名', 1), ('不需', 1), ('时时',
1), ('对', 1), ('它们', 1), ('表现', 1), ('自己', 1), ('所以', 1), ('有',
1), ('一种', 1), ('优越感', 1), ('当', 1), ('走', 1), ('到', 1), ('门口',
1), ('时', 1), ('后面', 1), ('喊', 1), ('不会', 1), ('感兴趣', 1), ('我头',
1), ('也', 1), ('不', 1), ('回', 1), ('地走了', 1)]
```

1.3.3　案例实现——词云生成

NLP-01-v-004

1. 实验目标

使用 Python 绘制文本文件中中文汉字的词云。

2. 实验目标

实验环境如表 1.6 所示。

表 1.6　实验环境

硬　件	软　件	资　源
PC /笔记本电脑	Windows 10/Ubuntu 18.04 Python 3.7.3 jieba 0.42.1 wordcloud 1.8.1	数据集：lighting.txt 停用词文件：stopword.txt 背景图片：mask.jpg 生成词云的字体：simsum.ttf

3. 实验步骤

创建 word_cloud 工程目录，实验目录结构如图 1.7 所示。

图 1.7　实验目录结构

按照如下步骤编写代码。

步骤一：导入模块

```python
import jieba
from wordcloud import WordCloud
import matplotlib.pyplot as plt
import numpy as np
from PIL import Image
```

步骤二：创建停用词列表

```python
def stopwordslist(filepath):
    stopwords = [line.strip() for line in open(filepath, 'r',
encoding='utf-8').readlines()]
```

```
        return stopwords
```

步骤三：对句子进行分词

```
# 分词
def seg_sentence(sentence):
    sentence_seged = jieba.cut(sentence.strip())
    stopwords = stopwordslist('./resource/stopword.txt')   # 加载停用词
    outstr = ''
    for word in sentence_seged:
        if word not in stopwords:
            if word != '\t':
                outstr += word
                outstr += " "
    return outstr
```

步骤四：读取文本文件，并对文本中的句子分词

```
inputs = open('./data/lightning.txt', 'r', encoding='gbk')
outputs = open('output.txt', 'w', encoding='utf-8')
for line in inputs:
    line_seg = seg_sentence(line)                          # 返回值是字符串
    outputs.write(line_seg + '\n')
outputs.close()
inputs.close()
```

步骤五：调用 wordcloud 库构建词云，保存结果

```
mask_img = np.array(Image.open("resource/mask.jpg"))      # 打开背景图片
inputs = open('output.txt', 'r', encoding='utf-8')        # 分词结果
mytext = inputs.read()
wordcloud = WordCloud(background_color="white", max_words=500,
width=2000, height=1600, margin=2,
                      font_path="resource/simsun.ttf",
mask=mask_img).generate(mytext)
plt.imshow(wordcloud)                                      # 构建词云
plt.savefig("result.png")                                 # 保存词云图片
plt.axis("off")
```

步骤六：运行代码

使用如下命令运行代码。

```
python main.py
```

经过运行，lighting 的词云效果如图 1.8 所示。

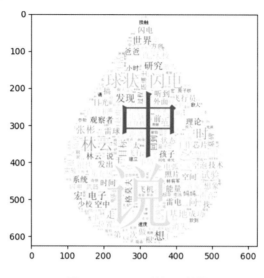

图 1.8　lighting 的词云效果

本章总结

- 本章的主要内容为自然语言处理综述、文本处理技能、文本数据处理。
- 文本处理技能包括字符串处理和中文分词，重点介绍如何使用 jieba 实现中文分词。
- 文本数据处理包含文本操作基础、文本数据统计和词云生成，重点内容是使用 wordcloud 实现词云生成。

作业与练习

1．[单选题] NLP 是（　　　）。
　　A．自然语言处理　　　　　　　　B．自然语言理解
　　C．人类语言技术　　　　　　　　D．计算语言学
2．[单选题] 下列（　　　）不是 NLP 的常见应用。
　　A．智能客服　　　　　　　　　　B．个人助理
　　C．知识图谱　　　　　　　　　　D．目标检测

3．[多选题] 自然语言处理发展历程中经历了（   ）阶段。

    A．兴起阶段

    B．符号主义

    C．连接主义

    D．深度学习

4．[多选题] jieba 分词支持的模式有（   ）。

    A．全模式

    B．搜索引擎模式

    C．paddle 模式

    D．精确模式

5．[单选题] 关于 wordcloud 库的描述，以下选项中正确的是（   ）。

    A. wordcloud 库是专用于根据文本生成词云的 Python 第三方库

    B. wordcloud 库是网络爬虫方向的 Python 第三方库

    C. wordcloud 库是机器学习方向的 Python 第三方库

    D. wordcloud 库是中文分词方向的 Python 第三方库

NLP-01-v-001

第 2 章

词向量技术

本章目标

- 了解词向量的基本概念。
- 理解词向量的技术原理。
- 掌握词向量技术的离散表示方法。
- 掌握词向量技术的分布式表示方法。
- 掌握 gensim 工具训练中文词向量的方法。

自然语言是我们用来表达含义的一套复杂系统。这套系统中最基本的单元就是词。自然语言的句子大多都是以文本格式存储的，而文本是一种非结构化的数据信息，是不可以直接被计算的。目前，词嵌入已成为基于深度学习的自然语言处理系统的重要组成部分，它通过固定长度的稠密向量实现文本表示。这些技术的基础就是词向量。本章将介绍词向量相关的技术。

本章包含的实验案例如下。

- 维基百科中文词向量训练：使用 gensim 完成中文词向量的训练，要求能查看给定单词的词向量，并输出和给定单词接近的前 10 个词语。

2.1 词向量概述

NLP-02-v-001

2.1.1 词向量基础

文本表示是自然语言处理中的基础工作，文本表示的质量好坏会直接影响整个自然语言处理系统的性能。在自然语言处理的任务中，词向量（Word2vec）是表示自然语言中单词的一种方法，即把每个词都表示为 N 维空间中的一个点，也就是用高维空间的向量表示一个单词。顾名思义，词向量是用来表示词语的特征向量，通过这种方法可以把自然语言计算转化为向量计算。

词向量技术为文本技术提供了向量化的表示方法，这是文本数据能够被计算机处理的基础，也是机器学习和深度学习可以用于文本分析的前提。图 2.1 所示为词向量计算示意图，先把每个词转换成一股高维空间向量，每个词的向量可以表示该词语的语义信息；然后可以利用向量计算这些词语之间的相似度，从而达到让计算机像计算数值一样去计算自然语言的目的。

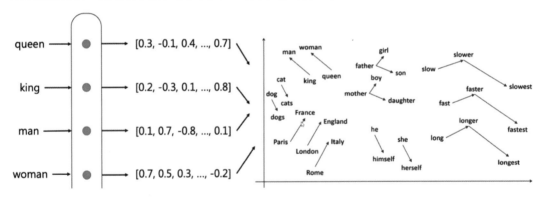

图 2.1　词向量计算示意图

2.1.2 词向量表示的问题

自然语言中的单词都是离散的信号，比如"香蕉""橘子""水果"在我们看来就是 3 个离散的词语。如何把每个离散的单词转换成向量是词向量表示的第一个问题。我们可以维护一个如图 2.2 所示的词向量查询表。表中每一行都存储了一个特定词语的向量值，每一列的第一个元素表示该单词本身，以便于我们进行单词和向量的查询，如单词"香蕉"对应的向量值为 $[-0.4, 0.37, 0.02, -0.34]$。

香蕉	-0.4	0.37	0.02	-0.34
橘子	-0.15	-0.02	-0.23	-0.23
水果	0.19	-0.4	0.35	-0.48
句子	-0.08	0.31	0.56	0.07
苹果	-0.04	-0.09	0.11	-0.06
桃子	0.27	-0.28	-0.2	-0.43
西瓜	-0.02	-0.67	-0.21	-0.48
葡萄	-0.04	-0.3	-0.18	-0.47
橙子	0.09	-0.46	-0.35	-0.24
鸭梨	0.21	-0.48	-0.56	-0.37

图 2.2　词向量查询表

　　给定任何一个或一组单词之后，我们都可以通过查询这个词向量表，实现把单词转换为向量的目的，这个查询和替换过程被称为嵌入查找（Embedding Lookup）。

　　词向量表示的第二个问题是如何具有语义信息。比如我们知道"香蕉"和"句子"之间没有相似性，而"香蕉"和"橘子"则更加相似。同时，"香蕉"和"水果"的相似程度，则介于"橘子"和"句子"之间。因此，应该让存储的词向量具备语义信息。在接下来的章节中，我们将系统学习词向量的表示方法，具体内容包括词向量的离散表示和分布式表示。

2.2　词向量离散表示

2.2.1　独热编码

　　独热编码（One-Hot Encoding），又被称为有效编码，其方法是使用 N 为状态寄存器来对多个状态进行编码，每个状态都有独立的寄存器位，并且只有一个有效位。独热编码也可以用来表示词向量，即每个单词使用一个长度为 N 的向量表示，N 表示语料库中单词的数量。假设我们有如表 2.1 所示的单词的语料库。

表 2.1 单词的语料库

编　　号	语　料　库
1	橘子　苹果　葡萄　香蕉
2	葡萄　苹果　苹果
3	葡萄
4	橘子　苹果

上述语料库中组成不重复的词典一共包含 4 个词语，分别为"橘子""苹果""葡萄""香蕉"。根据独热编码的表示方式，我们可以用 4 位的向量表示每个词语，单词的独热编码表示如表 2.2 所示。

表 2.2 单词的独热编码表示

单　　词	独　热　编　码
橘子	1000
苹果	0100
葡萄	0010
香蕉	0001

词向量的独热编码表示比较简单，但是也有很多问题。当在语料库中加入新词时，整个向量的长度会改变，并且存在维数过高难以计算，以及向量的表示方法很难体现词与词之间的语义关系的问题。

2.2.2　词袋模型

独热编码表示只考虑使用 0 和 1 对词语进行表示，而词袋模型（Bag Of Words，BOW）需要考虑词语出现的频数。词袋模型将所有词语装进一个袋子里，不考虑其词法和语序，即每个词语都是独立的，对每个单词进行统计，同时计算每个单词出现的次数。

在如表 2.1 所示的语料库中，4 个词语可以构成这样一个词典："橘子""苹果""葡萄""香蕉"。它们的编号为 0、1、2、3。词典的长度为 4，我们可以用一个 4 维的独热编码表示每个词语。词袋模型则把文本当成一个由词语组成的袋子，记录句子中包含各个词语的频数，则表 2.1 中语料库的文本对应的词袋模型如表 2.3 所示。

表 2.3 语料库的文本对应的词袋模型

单　　词	词　袋　模　型
橘子　香蕉　苹果　葡萄	1111
葡萄　苹果　苹果	0210
葡萄	0010
橘子　苹果	1100

表 2.3 中的数字表示单词在句子中出现的次数，比如数字 "2" 表示苹果在句子 2 中出现了两次。上述例子中只有 4 个句子，词典的大小是 4。当语料库很大时，词典的大小可以是几千甚至几万，这样大维度的向量，计算机很难去计算。此外，词袋模型忽略了词序信息，对语义理解来讲是丢失了重要信息。最后，词袋模型会造成语义鸿沟现象，即两个表达意思很接近的文本的文本向量差距很大。

2.2.3　词频−逆文本频率

词频−逆文本频率（Term Frequency-Inverse Document Frequency，TF-IDF）是一种用于信息检索与数据挖掘的常用加权技术，常用于挖掘文章中的关键词。

词频（Term Frequency，TF）指某一给定词语在当前文件中出现的频率。由于同一个词语在长文件中可能比短文件有更高的词频，因此需要根据文件的长度对给定词语进行归一化，即用给定词语的数量除以当前文件的总词数。

逆文件频率（Inverse Document Frequency，IDF）是一个词语普遍重要性的度量，即如果一个词语只在很少的文件中出现，表示它更能代表文件的主旨，它的权重也就越大；如果一个词在大量文件中都出现，表示不清楚它代表什么内容，它的权重就应该小。

TF-IDF 的主要思想是，如果某个词语在一篇文章中出现的频率高，并且在其他文章中较少出现，则认为该词语能较好地代表当前文章的含义，即一个词语的重要性与它在文档中出现的次数成正比例，与它在语料库中文档出现的频率成反比例。式（2.1）~式（2.3）给出了 TF-IDF 的计算过程。

$$词频(\text{TF}) = \frac{词w在文档中出现的次数}{文档的总词数} \tag{2.1}$$

$$逆文本频率(\text{IDF}) = \log(\frac{语料库的文档总数}{包含词w的文档数 + 1}) \tag{2.2}$$

$$\text{TF-IDF} = \text{TF} \times \text{IDF} \tag{2.3}$$

从 TF-IDF 的计算公式可以看出，如果一个单词在句子中出现的频率越高，说明该单词的权重越高，而如果该单词在正片语料库中出现的频率都很高，则说明该单词是一个普遍性的词语，这表示该单词在句子中的权重就降低了。

2.2.4　案例实现——文本离散表示

1. 实验目标

（1）理解独热编码的实现原理。

（2）掌握词袋模型的实现方法。

（3）掌握词频-逆文本频率的实现方法。

2．实验环境

实验环境如表 2.4 所示。

表 2.4　实验环境

硬　件	软　件	资　源
PC／笔记本电脑	Windows 10/Ubuntu 18.04 Python 3.7.3 sklearn 0.0	无

3．实验环境

该项目由 3 个代码组成，分别为 onehot.py、bow.py、tfidf.py。接下来分别解释 3 个代码的具体功能。

（1）onehot.py 实现独热编码，具体功能是根据输入数据输出指定数字的独热编码，输入数据共 3 列，每一列表示不同的特征及取值范围，程序输出结果为数字 0、1、3 的独热编码。

（2）bow.py 实现词袋模型，具体功能是输出语料库中每个句子对应的词袋模型的表示。

（3）tfidf.py 实现 TF-IDF 模型，具体功能是输出语料库中每个句子对应的 TF-IDF 的表示。

分别创建 onehot.py、bow.py、tfidf.py 源码文件，实验目录如图 2.3 所示。

名称　　　　　　　　^	修改日期	类型
bow.py	2021/8/12 14:33	Python File
onehot.py	2021/8/17 14:21	Python File
tfidf.py	2021/8/12 14:35	Python File

图 2.3　实验目录

按照如下步骤分别编写代码。

（1）完成 onehot.py 代码编写，实现独热编码操作。

步骤一：导入模块

```
from sklearn import preprocessing          # 导入预处理模型
```

步骤二：调用独热编码，拟合训练数据

```
enc = preprocessing.OneHotEncoder()        # 调用独热编码
enc.fit( [
     [0, 0, 3],
```

```
        [1, 1, 0],
        [0, 2, 1],
        [1, 0, 2]]
)   # 训练集
```

步骤三：将结果转化为数组，并打印显示

```
res = enc.transform([[0, 1, 3]]).toarray()   # 将结果转化为数组
print(res)
```

步骤四：运行代码

使用如下命令运行代码 onehot.py。

```
python onehot.py
```

运行的结果如下所示：

```
[[1. 0. 0. 1. 0. 0. 0. 0. 1.]]
```

从运行结果可以看出，前两个数字（1.0.）表示数字 0 的独热编码；中间 3 个数字（0.1.0.）表示数字 1 的独热编码；后 4 个数字（0.0.0.1.）表示数字 3 的独热编码。

（2）完成 bow.py 代码编写，实现词袋模型编码操作。

步骤一：导入模块

```
from sklearn.feature_extraction.text import CountVectorizer
```

步骤二：加载语料库

```
texts = ['橘子 香蕉 苹果 葡萄',
        '葡萄 苹果 苹果',
        '葡萄',
        '橘子 苹果']                   # 语料库
```

步骤三：文本向量化表示

```
cv = CountVectorizer()                # 词袋模型对象
cv_fit = cv.fit_transform(texts)      # 完成文本到向量的表示
```

步骤四：打印结果

```
print(cv.vocabulary_)                 # 词汇表
print(cv_fit.toarray())               # 文本向量表示的数组格式
```

步骤五：运行代码

使用如下命令运行代码 bow.py。

```
python bow.py
```

运行的结果如下所示。

```
{'橘子': 0, '香蕉': 3, '苹果': 1, '葡萄': 2}
[[1 1 1 1]
 [0 2 1 0]
 [0 0 1 0]
 [1 1 0 0]]
```

从运行结果可以看出，第一行打印信息表示语料库构建的词汇表，第二行打印信息表示每个句子对应的词袋模型表示。

（3）完成 tfidf.py 代码编写，实现词袋模型编码操作。

步骤一：导入模块

```
from sklearn.feature_extraction.text import TfidfVectorizer
```

步骤二：加载语料库

```
texts = ['橘子 香蕉 苹果 葡萄',
         '葡萄 苹果 苹果',
         '葡萄',
         '橘子 苹果']                    # 语料库
```

步骤三：文本向量化表示

```
cv = TfidfVectorizer()                 # TF-IDF
cv_fit = cv.fit_transform(texts)       # 完成文本到向量的表示
```

步骤四：打印结果

```
print(cv.vocabulary_)                  # 词汇表
print(cv_fit.toarray())                # 文本向量表示的数组格式
```

步骤五：运行代码

使用如下命令运行代码 tfidf.py。

```
python tfidf.py
```

运行的结果如下所示：

```
{'橘子': 0, '香蕉': 3, '苹果': 1, '葡萄': 2}
```

```
[[0.5051001 0.40892206 0.40892206 0.64065543]
 [0.         0.89442719 0.4472136  0.]
 [0.         0.         1.         0.        ]
 [0.77722116 0.62922751 0.         0.        ]]
```

从运行结果可以看出，第一行打印信息表示语料库构建的词汇表，第二行打印信息表示每个句子对应的 TF-IDF 模型表示。

2.3 词向量分布表示

在 2.2 节中，我们介绍了基于词向量的离散表示方法，这些都是基于统计的模型实现词向量的表示。词向量离散表示的优点是实现简单，缺点是无法衡量词向量之间的关系，同时词表维度也会随着语料库的增加而膨胀，进而导致数据稀疏问题。

我们希望相似的词和词在数据分布上也是相似的。"橘子""香蕉""苹果"都是水果，它们的向量表示应该相似。在自然语言处理的研究中，研究人员通常有一个共识：可以使用一个单词的上下文来了解这个单词的语义，比如：

（1）"苹果手机质量很好，但是价格太贵了。"

（2）"这个苹果很好吃，又脆又甜。"

（3）"黑莓质量也还行，但是不如苹果支持的应用多。"

在上面的三个句子中，我们通过上下文可以推断出第一个"苹果"指的是手机品牌，第二个"苹果"指的是水果，而第三个"苹果"指的应该也是手机品牌。

事实上，在自然语言处理领域，使用上下文描述一个词语或元素的语义是一个常见且有效的做法。我们可以使用同样的方式训练词向量，让这些词向量具备表示语义信息的能力。这是词向量分布式表示的核心思想，常见的算法有神经网络语言模型、连续词袋模型和 Skip-Gram 模型。

2.3.1 神经网络语言模型

NLP-02-v-003

语言模型（Language Model，LM）旨在为语句的联合概率函数 $p(w_1,w_2,\cdots,w_T)$ 建模，其中 w_T 表示句子中的第 T 个词。语言模型的目标是计算某个句子出现的概率。对语言模型的目标概率来说，假设文本中每个词都是相互独立的，则整句话的联合概率可以表示其中所有词语条件概率的乘积，即：

$$p(w_1, w_2, \cdots, w_T) = \prod_{t=1}^{T} (w_t) \qquad (2.4)$$

然而在实际情况中，每个词语出现的概率都与其前面的词紧密相关，所以实际上通常用条件概率表示语言模型，对于一个由 T 个词按顺序构成的句子，其联合概率可以表示为：

$$p(w_1, w_2, \cdots, w_T) = p(w_1)p(w_2 \mid w_1)p(w_3 \mid w_2, w_1) \cdots p(w_T \mid w_1, w_2, \cdots, w_{T-1})$$
$$= \prod_{t=1}^{T} p(wt \mid w_1, w_2, \cdots, w_{t-1}) \qquad (2.5)$$

神经网络语言模型（Nerual Network Language Model，NNLM）直接从语言模型出发，NNLM 直接通过一个神经网络结构对 n 元条件概率进行评估，NNLM 的网络结构如图 2.4 所示。

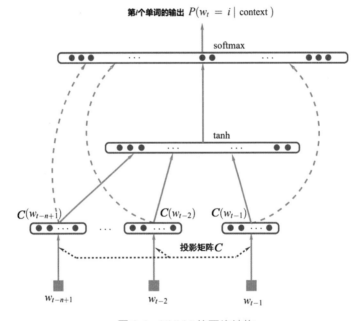

图 2.4　NNLM 的网络结构

从图 2.4 中可以看出，NNLM 的网络结构包括输入层、投影层、隐藏层和输出层。输入层是前 t-1 个单词的索引表示，通常可以用独热编码表示；投影层用 $V \times D$ 的投影矩阵 $\boldsymbol{C}$ 表示，V 表示语料库中单词的个数，D 表示稠密词向量的维度；隐藏层用 tanh 激活函数表示；输出层使用 softmax 激活函数表示，NNLM 的目标是根据前面 t-1 个单词预测第 t 个单词的概率。通过对 NNLM 进行训练，我们可以得到投影矩阵 $\boldsymbol{C}$，它就是语料库中每个单词的稠密向量表示，其中稠密词向量的维度 D 是一个超参数，训练时可以自行设置。

2.3.2 Word2vec 模型

NLP-02-v-004

Mikolov 等人在 2013 年提出的 Word2vec 算法就是通过上下文来学习语义信息。Word2vec 包含两个经典的模型，即 CBOW（Continuous Bag-Of-Words）和 Skip-Gram，CBOW 和 Skip-Gram 语义学习示意图如图 2.5 所示。

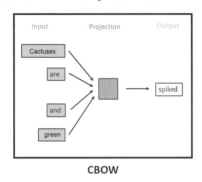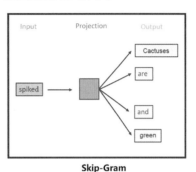

图 2.5 CBOW 和 Skip-Gram 语义学习示意图

（1）CBOW 通过上下文的词向量预测中心词。

（2）Skip-Gram 根据中心词预测上下文。

假设有一个句子"Cactuses are spiked and green"，上述两个模型对此句的预测方式如下。

（1）在 CBOW 中，首先需要在句子中选定一个中心词，并把其他词作为这个中心词的上下文。如图 2.5 中的 CBOW 所示，把"spiked"作为中心词，则"Cactuses are and green"就作为中心词的上下文。在学习过程中，使用上下文的词向量去预测中心词，这样中心词的语义信息就被记录到上下文的词向量中，如"spiked→cactuses"，从而达到学习语义信息的目的。

（2）在 Skip-Gram 中，同样先选定一个中心词，并把其他词作为这个中心词的上下文。如图 2.5 中的 Skip-Gram 所示，把"spiked"作为中心词，把"Cactuses are and green"作为中心词的上下文。与 CBOW 不同的是，Skip-Gram 在学习过程中，是使用中心词去预测上下文的内容的，从而达到学习语义信息的目的。

CBOW 和 Skip-Gram 本质上是一种神经网络，包括输入层、隐含层和输出层 3 层网络结构。接下来我们对它们的网络结构进行详细介绍。

假设指定一个句子："Cactuses are spiked and green，$C=4$，$V=5\,000$，$N=128$"。CBOW 的网络结构图如图 2.6 所示，CBOW 是一个具有 3 层结构的神经网络，它们分别如下。

（1）输入层：一个形状为 $C \times V$ 的独热矩阵，其中 C 代表上下文中词的个数，通常是一个偶数；V 表示词表大小，该矩阵的每一行都是一个上下文词的独热向量表示，比如"Cactuses, are, and, green"。

（2）隐藏层：一个形状为 $V×N$ 的参数矩阵 W，一般称为词向量，N 表示每个词的向量表示长度。输入矩阵和参数矩阵 W 相乘就会得到一个形状为 $C×N$ 的矩阵。综合考虑上下文中所有词的信息去预测中心词，因此将上下文中 C 个词相加得一个 $1×N$ 的向量，这是整个上下文的一个隐含表示。

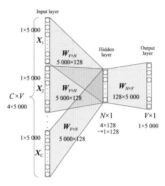

图 2.6　CBOW 的网络结构图

（3）输出层：创建另一个形状为 $N×V$ 的参数矩阵，将隐藏层得到的 $1×N$ 的向量乘以该 $N×V$ 的参数矩阵，得到了一个形状为 $1×V$ 的向量。最终，$1×V$ 的向量代表了使用上下文去预测中心词，每个候选词的打分，再经过 softmax 函数的归一化，即得到了对中心词的预测概率：

$$y_i = \text{softmax}(O_i) = \frac{\exp(O_i)}{\sum_j \exp(O_j)} \quad i,j = 1,\cdots,C \tag{2.6}$$

式（2.6）中 O_i 表示第 i 个节点的输出值；O_j 表示第 j 个节点的输出值；C 表示类别的个数；y_i 表示预测对象属于第 C 类的概率，这是 CBOW 算法的实现过程。

接下来我们看 Skip-Gram 的算法实现。Skip-Gram 同样是一个具有 3 层结构的神经网络，其网络结构图如图 2.7 所示。

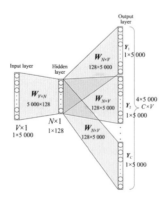

图 2.7　Skip-Gram 的网络结构图

（1）输入层：接收一个独热矩阵 $V \in R^{1 \times V}$ 作为网络的输入，里面存储着当前句子中心词的独热表示，其中 V 表示词表的大小。

（2）隐藏层：将张量 V 乘以一个词向量矩阵 $W_1 \in R^{V \times N}$，并把结果作为隐藏层输出，得到一个形状为 $R^{1 \times N}$ 的矩阵，里面存储着当前句子中心词的词向量。

（3）输出层：将隐藏层的结果乘以另一个词向量矩阵 $W_2 \in R^{N \times V}$，得到一个形状为 $R^{1 \times V}$ 的矩阵。这个矩阵经过 softmax 函数归一化后，就得到了用当前中心词对上下文的预测结果。根据这个 softmax 函数归一化的结果，我们就可以去训练词向量模型。

在实际操作中，使用一个滑动窗口（一般情况下，长度是奇数），从左到右依次扫描当前的句子。每个扫描出来的片段都被当成一个小句子，每个小句子中间的词被认为是中心词，其余的词被认为是这个中心词的上下文。

2.3.3　案例实现——中文词向量训练

1. 实验目标

（1）了解中文词向量数据预处理的步骤。

（2）理解中文词向量的训练过程。

（3）掌握 gensim 训练中文词向量的方法。

2. 实验环境

中文词向量的实验环境如表 2.5 所示。

表 2.5　中文词向量的实验环境

硬　件	软　件	资　源
PC /笔记本电脑	Windows 10/Ubuntu 18.04 Python 3.7.3 gensim 3.8.1	数据集：articles.xml.bz2

3. 实验步骤

该项目主要由 4 个代码文件组成，分别为 process_wiki_data.py、seg.py、train_word2vec_model.py 和 gensim_test.py，它们的具体功能如下。

（1）process_wiki_data.py：数据预处理，解析 XML 文件，将 XML 的维基数据转换为文本文件。

（2）seg.py：分词文件，将解析后的文本文件进行分词。

（3）train_word2vec_model.py：模型训练，调用 gensim 工具训练词向量。

（4）gensim_test.py：使用模型，查看训练词向量的结果。

首先创建项目工程目录 Word2vec_model，在 Word2vec_model 目录下创建 process_wiki_data.py、seg.py、train_word2vec_model.py 和 gensim_test.py 源码文件。中文词向量训练目录结构如图 2.8 所示。

📚 articles.xml.bz2		2021/7/9 15:27
📄 gensim_test.py		2021/8/18 14:43
📄 process_wiki_data.py		2021/8/10 10:46
📄 seg.py		2021/8/15 11:32
📄 train_word2vec_model.py		2022/2/11 10:07

图 2.8　中文词向量训练目录结构

按照如下步骤分别编写代码。

（1）编写 process_wiki_data.py，将数据集 articles.xml.bz2 解析为 wiki.zh.text 文本分文件。

步骤一：导入模块

```
import logging                            # 日志文件
import os.path                            # 解析系统路径
import sys                                # 系统参数模块
from gensim.corpora import WikiCorpus     # gensim 的维基百科模块
```

步骤二：XML 文件解析及主函数处理

```
if __name__ == '__main__':
    # sys.argv[0]获取的是脚本文件的文件名称
    program = os.path.basename(sys.argv[0])
    # 获取日志信息
    logger = logging.getLogger(program)
    logging.basicConfig(format='%(asctime)s: '
                        '%(levelname)s: %(message)s')
    logging.root.setLevel(level=logging.INFO)
    # 打印日志
    logger.info("running %s" % ' '.join(sys.argv))
    # check and process input arguments
    if len(sys.argv) < 3:
        print (globals()['__doc__'] % locals())
        sys.exit(1)
    inp, outp = sys.argv[1:3]
    # inp:输入的数据集
    # outp:从压缩文件中获得的文本文件
```

```
space = " "
i = 0
output = open(outp, 'w', encoding='utf-8')
wiki = WikiCorpus(inp, lemmatize=False, dictionary={})
for text in wiki.get_texts():
    output.write(space.join(text) + "\n")
    i = i + 1
    if i % 200   0:
        logger.info("Saved " + str(i) + " articles")
        break
output.close()  # 关闭文件
logger.info("Finished Saved " + str(i) + " articles")
```

步骤三：运行代码

使用如下命令运行实验代码。

```
python process_wiki_data.py articles.xml.bz2 wiki.zh.txt
```

通过执行上述代码，文件夹下会生成 wiki.zh.text 文本文件（见图 2.9）。

📄 articles.xml.bz2	2021/7/9 15:27
📄 gensim_test.py	2021/8/18 14:43
📄 process_wiki_data.py	2021/8/10 10:46
📄 seg.py	2021/8/15 11:32
📄 train_word2vec_model.py	2022/2/11 10:07
T wiki.zh.text	2022/2/11 10:55

图 2.9　生成 wiki.zh.text 文本文件

（2）编写 seg.py，将生成的 wiki.zh.text 文本文件进行分词，生成 wiki.zh.text.seg 文件。

步骤一：导入模块

```
import jieba               # 分词工具
import jieba.analyse
import codecs              # 解析文本文件
```

步骤二：编写 process_wikt_text 函数实现分词，并将分词结果保存

```
# 将文本文件分词
def process_wiki_text(origin_file, target_file):
    with codecs.open(origin_file, 'r', 'utf-8') as inp, codecs.open
(target_file,'w','utf-8') as outp:
        line = inp.readline()
```

```
        line_num = 1
        while line:
            print('---- 处 理 ', line_num, '文档----------------')
            line_seg = " ".join(jieba.cut(line))
            # 写入目标文件
            outp.writelines(line_seg)
            line_num = line_num + 1
            line = inp.readline()
            if line_num   101:
                break
    # 关闭文件
    inp.close()
    outp.close()
```

步骤三：主函数处理

```
def main():
    process_wiki_text('wiki.zh.text', 'wiki.zh.text.seg')
if __name__   '__main__':
    main()
```

步骤四：运行代码

使用如下命令运行实验代码。

```
python seg.py
```

通过执行上述代码，文件夹下会生成 wiki.zh.text.seg 文本文件（见图 2.10）。

名称	修改日期
articles.xml.bz2	2021/7/9 15:27
gensim_test.py	2021/8/18 14:43
process_wiki_data.py	2021/8/10 10:46
seg.py	2022/2/11 11:23
train_word2vec_model.py	2022/2/11 10:07
wiki.zh.text	2022/2/11 10:55
wiki.zh.text.seg	2022/2/11 11:25

图 2.10　生成分词文件 wiki.zh.text.seg 文件

（3）编写 train_word2vec_model.py，训练中文词向量。

步骤一：导入模块

```
import logging
import os.path
```

```
import sys
import multiprocessing
from gensim.models import Word2vec          # Word2vec 模型
from gensim.models.Word2vec import LineSentence   # 读取分词文件
```

步骤二：训练词向量及处理主函数

```
if __name__ '__main__':
    # sys.argv[0]获取的是脚本文件的文件名称
    program = os.path.basename(sys.argv[0])
    # 日志信息
    logger = logging.getLogger(program)
    logging.basicConfig(format='%(asctime)s: '
                               '%(levelname)s: %(message)s')
    logging.root.setLevel(level=logging.INFO)
    logger.info("running %s" % ' '.join(sys.argv))
    # 检查参数数量是否正确
    if len(sys.argv) < 4:
        print(globals()['__doc__'] % locals())
        sys.exit(1)

    # inp:分好词的文本，outp1：训练好的模型，outp2：得到的词向量
    inp, outp1, outp2 = sys.argv[1:4]
    # 调用 Word2vec 模型训练词向量
    model = Word2vec(LineSentence(inp), size=100, window=5, min_count=5,
                    workers=multiprocessing.cpu_count())
    # 保存模型
    model.save(outp1)
    # 保存模型权重
    model.wv.save_Word2vec_format(outp2, binary=False)
```

步骤三：运行代码

使用如下命令运行实验代码。

```
python train_Word2vec_model.py wiki.zh.text.seg wiki.zh.text.model
wiki.zh.text.vector
```

通过执行上述代码，文件夹下会生成模型文件 wiki.zh.text.model 和权重文件 wiki.zh.text.vector（见图 2.11）。

（4）编写 gensim_test.py，查看词向量结果。

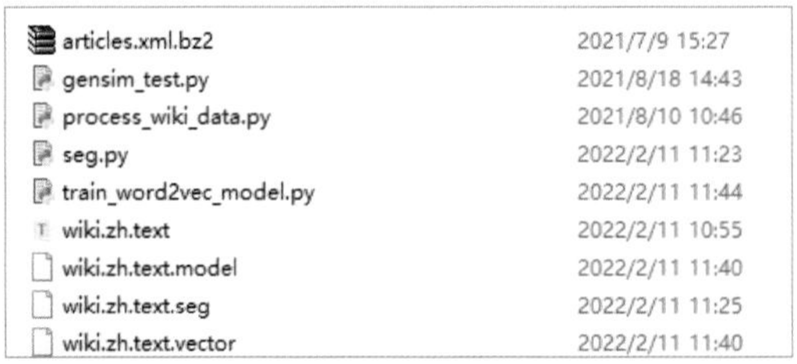

articles.xml.bz2	2021/7/9 15:27	
gensim_test.py	2021/8/18 14:43	
process_wiki_data.py	2021/8/10 10:46	
seg.py	2022/2/11 11:23	
train_word2vec_model.py	2022/2/11 11:44	
wiki.zh.text	2022/2/11 10:55	
wiki.zh.text.model	2022/2/11 11:40	
wiki.zh.text.seg	2022/2/11 11:25	
wiki.zh.text.vector	2022/2/11 11:40	

图 2.11　模型文件 wiki.zh.text.model 和权重文件 wiki.zh.text.vector

步骤一：导入模块，加载训练好的模型

```python
# 导入模块，加载训练好的模型
import gensim
model = gensim.models.Word2vec.load("wiki.zh.text.model")
```

步骤二：查看前 5 个单词的词向量

```python
# 查看前5 个单词的词向量
count = 0
for word in model.wv.index2word:
    print(word,model[word])
    count += 1
    if count 5:
        break
```

步骤三：查看"语言学"最接近的 10 个单词

```python
result = model.most_similar(u"语言学")
for e in result:
    print(e)
```

步骤四：运行代码

使用如下命令运行实验代码。

```python
python genism_test.py
```

通过执行上述代码，在控制台输出内容如下所示：

```
在 [-1.7713302   0.57412386 -0.13630444 -0.5696288   4.3523927 ]
是 [-1.704301    0.75327015 -0.19912621 -0.45497736  4.351279  ]
和 [-1.2879727   0.51720667 -1.1406773  -1.1319559   3.6999507 ]
年 [-1.5224589  -0.02467467 -0.0433404  -0.3378434   4.5941143 ]
('组合', 0.9982270002365112)
```

```
('目录', 0.9976189136505127)
('亿', 0.9964067339897156)
('国外', 0.9963870048522949)
('此一', 0.9952278137207031)
('刺', 0.9948769807815552)
('一大', 0.9943665862083435)
('封', 0.994286835193634)
('后者', 0.9942836761474609)
('进攻', 0.9942137598991394)
```

4. 实验小结

从运行结果可以看出，我们使用 gensim 可以很方便地训练中文词向量，并且可以通过 Word2vec 的 load 函数加载训练好的词向量，并查看词向量的结果。

本章总结

- 本章的内容包括词向量概述、词向量离散表示、词向量分布表示。
- 词向量离散表示的优点是实现简单，缺点是不能刻画语义信息，词向量维度太高。
- 词向量的分布式表示方法包括 NNLM.CBOW 和 Skip-Gram，它通过低维稠密向量表示单词，可以在一定程度上表示单词的语义信息。

作业与练习

1. [单选题] 下列不属于离散的词向量方法是（　　　）。
   A．独热编码　　　　　　　　　　B．词袋模型
   C．TF-IDF 模型　　　　　　　　D．TextRank
2. [单选题] （　　　）不是词袋模型的缺陷。
   A．无法保留次序信息　　　　　　B．基于分布假说
   C．维度灾难　　　　　　　　　　D．存在语义鸿沟

3．[单选题] 下列（　　　）可以作为 NNLM 模型输入层的输入。

　　A．独热编码　　　　　　　　　　　B．英文字母

　　C．字符串　　　　　　　　　　　　D．中文汉字

4．[单选题] 下列关于 Word2vec 说法正确的是（　　　）。

　　A．连续词袋模型（CBOW）是浅层神经网络模型

　　B．Skip-Gram 是深度神经网络模型

　　C．CBOW 和 Skip-Gram 都是深度神经网络模型

　　D．以上说法都不正确

5．[多选题] 以下（　　　）不是文本向量化的常用方法。

　　A．Skip-Gram　　　　　　　　　　B．EM

　　C．CBOW　　　　　　　　　　　　D．viterbi

6．[单选题] 利用 gensim 实现 Word2vec 时，（　　　）参数代表输出词向量的维度。

　　A．hs　　　　　　　　　　　　　　B．min_count

　　C．size　　　　　　　　　　　　　D．window

NLP-02-c-001

第 3 章

关键词提取

本章目标

- 了解关键词提取的基本概念。
- 了解关键词提取的应用领域。
- 了解有监督关键词提取方法。
- 理解无监督关键词提取方法的原理。
- 掌握无监督关键词提取的实现方法。

在自然语言处理领域中，处理海量文本文件的关键是要把用户关心的问题提取出来。关键词是能够表达文档中心内容的词语，更是表达文档主题的最小单位。关键词提取是文本挖掘领域的一个分支，是自动文摘、信息检索、文档分类和信息抽取等文本挖掘研究工作的基础。因此，在自然语言处理的多数任务中，都需要先进行关键词提取。

本章包含的实验案例如下。

- 关键词提取：在关键词提取综合案例中，使用 3 种算法完成关键词提取任务，分别为基于 TF-IDF 的关键词提取，基于 TextRank 的关键词提取和基于 Word2vec 词聚类的关键词提取。

3.1　关键词提取概述

NLP-03-v-001

3.1.1　关键词提取基础

关键词提取指的是自动抽取反映文本主题的词或短语的过程、技术和方法。通常情况下，一篇文章的核心思想可以用最能表达文档主旨的 N 个词语表示，即对于文档来说这 N 个词语是最重要的。因此，可以将关键词提取的任务转化为词语重要性排序问题，选取排名前 N 个词语作为文本关键词。目前，主流的关键词提取方法有以下几种。

1. 有监督关键词提取方法

有监督关键词提取方法会将关键词提取转化为二分类问题。其具体过程是首先取出候选词，然后对每个候选词划定标签，最后通过训练关键词提取分类器。当对新文档进行预测时，首先提取出新文档的候选词；然后结合训练好的分类器，对各个候选词进行分类；最终将标签为关键词的候选词作为关键词。

2. 无监督关键词提取方法

无监督关键词提取方法是利用特定的方法提取文本中比较重要的候选词作为关键词的方法。其具体过程是先抽取出候选词，然后对各个候选词进行打分，最终输出 N 个分值最高的候选词作为关键词。根据打分策略的不同，有不同的算法，如 TF-IDF、TextRank 和 Word2vec 词聚类方法等。

3. 无监督关键词提取方法和有监督关键词提取方法的优缺点

无监督关键词提取方法不需要人工标注数据集，因此速度更快，但由于无法有效利用多种信息对候选词排序，所以效果不如有监督关键词提取方法。有监督关键词提取方法的缺点是需要付出更多人工成本，所以现有的关键词提取算法主要采用无监督关键词提取方法。

3.1.2　基于 TF-IDF 的关键词提取

NLP-03-v-002

在词向量技术的 2.2.3 节中，我们详细地介绍了 TF-IDF 的核心思想。TF-IDF 通过词频和逆向文件频率衡量一个单词在文档中的重要性。TF-IDF 是对文本中的词语进行加权处理，权值越高，单词的得分越高。

因此，我们可以对文档中的所有候选词计算 TF-IDF 得分，并根据 TF-IDF 得分对候选词进行排序，并将得分较高的词语作为关键词。基于 TF-IDF 的关键词提取步骤如下所示。

（1）利用 jieba 对输入文本进行分词。

（2）加载停用词文件，去除文本中的停用词。

（3）计算所有候选词的 TF-IDF 得分。

（4）对候选词的计算结果进行排序，得到排名前 N 的词汇作为关键词。

3.1.3 基于 TextRank 的关键词提取

TextRank 是 Mihalcea 等人在 2004 年研究自动摘要提取时所提出的，该算法把文本拆分成词汇作为网络节点，组成词汇网络图模型，将词语之间的相似关系看成是一种投票关系，使其可以计算一个词语的重要性。

基于 TextRank 的关键词提取利用局部的词汇关系，对候选关键词继续排序，该方法的步骤如下所示。

（1）构建候选关键词图 $G=(V,E)$，其中 V 为节点，由候选关键词组成；词与词的共现关系为边，用 E 表示。

（2）根据 TextRank 计算节点的权重，直至收敛。

（3）对节点权重进行排序，选取排名前 N 的词汇作为关键词。

在 jieba 分词库中 jieba.analyse.textrank 函数可直接实现 TextRank，我们可以调用该函数实现 TextRank 的关键词提取。

3.1.4 基于 Word2vec 词聚类的关键词提取

在词向量技术的 2.3.2 节中，我们介绍了 Word2vec 的词向量模型。Word2vec 把词嵌入一个高维的空间中，并用稠密的向量表示词语。相比传统的文本表示方式，Word2vec 可以更好地表示词与词之间的语义信息，即语义接近的词语在高维空间中的距离更近。Word2vec 也避免了词语表示的维度灾难。

Word2vec 词聚类属于深度学习。我们知道，深度学习模型的输入是数值型数据，文本无法直接作为模型的输入。因此需要将候选词语进行向量化表示，所以基于 Word2vec 词聚类的关键词提取需要首先对文本构建 Word2vec 词向量，进而抽取候选词的词向量。

基于 Word2vec 词聚类的关键词提取步骤如下所示。

（1）利用中文维基百科语料库训练 Word2vec 模型，得到词向量 wiki.zh.text.vector。

（2）数据预处理，对文本进行分词和去除停用词操作。

（3）遍历候选词，从词向量中选择候选词的词向量表示。

（4）对候选词语精选 k-Means 聚类，得到各个类别的聚类中心。

（5）由候选词计算结果得到的排名前 N 个词汇将作为关键词。

3.2　关键词提取的实现

3.2.1　案例介绍

关键词提取综合案例使用的是人民网的粤经济新闻数据，分别实现基于 TF-IDF、TextRank 和 Word2vec 词聚类的关键词提取算法。该数据集共包含 558 个文本文件，每个文件的内容均为标题和摘要，样例数据如图 3.1 所示。

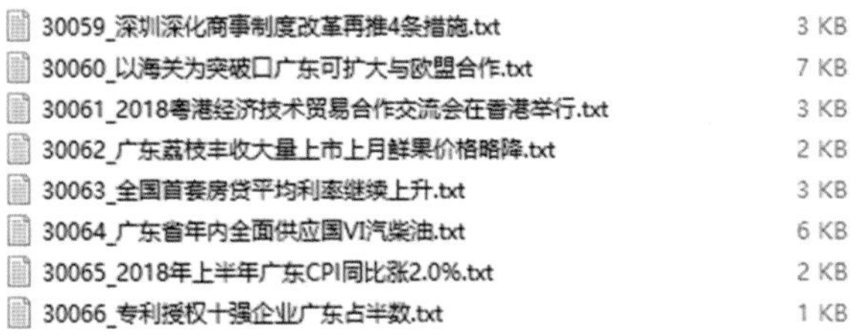

📄 30059_深圳深化商事制度改革再推4条措施.txt	3 KB
📄 30060_以海关为突破口广东可扩大与欧盟合作.txt	7 KB
📄 30061_2018粤港经济技术贸易合作交流会在香港举行.txt	3 KB
📄 30062_广东荔枝丰收大量上市上月鲜果价格略降.txt	2 KB
📄 30063_全国首套房贷平均利率继续上升.txt	3 KB
📄 30064_广东省年内全面供应国VI汽柴油.txt	6 KB
📄 30065_2018年上半年广东CPI同比涨2.0%.txt	2 KB
📄 30066_专利授权十强企业广东占半数.txt	1 KB

图 3.1　样例数据

关键词提取综合案例的实现流程如下。

（1）将原始数据集处理成 result.csv 文本，具体包括编号、标题和摘要，text.csv 数据格式如图 3.2 所示。

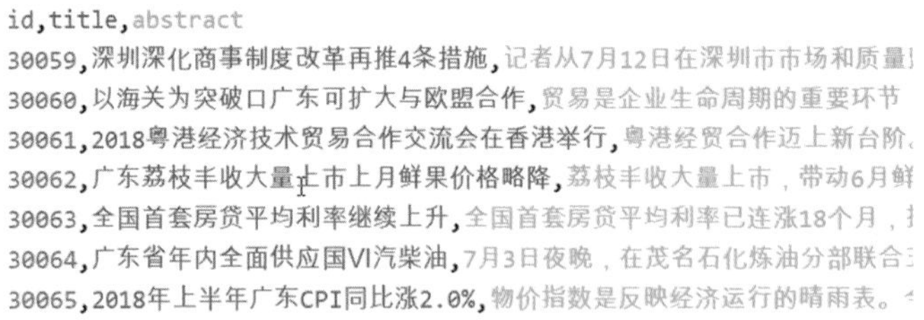

```
id,title,abstract
30059,深圳深化商事制度改革再推4条措施,记者从7月12日在深圳市场和质量i
30060,以海关为突破口广东可扩大与欧盟合作,贸易是企业生命周期的重要环节
30061,2018粤港经济技术贸易合作交流会在香港举行,粤港经贸合作迈上新台阶,
30062,广东荔枝丰收大量上市上月鲜果价格略降,荔枝丰收大量上市，带动6月鲜
30063,全国首套房贷平均利率继续上升,全国首套房贷平均利率已连涨18个月，i
30064,广东省年内全面供应国VI汽柴油,7月3日夜晚，在茂名石化炼油分部联合合
30065,2018年上半年广东CPI同比涨2.0%,物价指数是反映经济运行的晴雨表。i
```

图 3.2　text.csv 数据格式

（2）获取每行记录的标题和摘要字段，并拼接这两个字段。

（3）加载自定义停用词表 stopWord.txt，然后对拼接的文本进行数据预处理操作，包括分词、去除停用词、用空格分隔文本等。

（4）编写相应算法提取关键词。

（5）将最终结果写入文件进行保存。

NLP-03-v-003

3.2.2 案例实现——关键词提取综合案例

1. 实验目标

（1）理解关键词提取数据预处理的步骤。

（2）理解关键词提取算法的原理。

（3）掌握关键词提取的实现方法。

2. 实验环境

关键词提取实验环境如表 3.1 所示。

表 3.1 关键词提取实验环境

硬 件	软 件	资 源
PC/笔记本电脑	Windows 10/Ubuntu 18.04 Python 3.7.3 jieba 0.42.1 pandas 1.3.4 numpy 1.18.5 skleran 0.0 genism 3.8.1	数据集：人民网的粤经济新闻数据，共 588 个 txt 文件，该数据存放于 text_file 文件夹下 停用词文件：stopWord.txt 词向量文件：wiki.zh.text.vector

3. 实验步骤

该项目主要由 5 个代码文件组成，分别为 data_prepare.py、tfidf.py、textrank.py、word2vec_prepare.py 和 word2vec_result.py，它们的具体功能如下。

（1）data_prepare.py：数据预处理，合并文本文件，在 data 文件夹下生成 text.csv 文件，内容包括 id、title、abstract。

（2）tfidf.py：实现基于 TF-IDF 的关键词提取算法。

（3）textrank.py：实现基于 TextRank 的关键词提取算法。

（4）word2vec_prepare.py：根据 wiki.zh.text.vector 词向量模型构建文本数据的词向量，并获取候选词语的词向量。

（5）word2vec_result.py：实现基于 Word2vec 词聚类的关键词提取算法。

首先创建项目工程目录 word_extracton，在 word2vec_model 目录下创建 data_prepare.py、tfidf.py、textrank.py、word2vec_preapre.py 和 wor2vec_result.py 源码文件。关键词提取代码结构如图 3.3 所示。

📁 data	文件夹
📁 result	文件夹
📁 text_file	文件夹
📄 data_prepare.py	Python File
📄 textrank.py	Python File
📄 tfidf.py	Python File
📄 wiki.zh.text.vector	VECTOR 文件
📄 word2vec_prepare.py	Python File
📄 word2vec_result.py	Python File

图 3.3　关键词提取代码结构

其中 text_file 文件夹用于存储粤经济文本文件，data 文件夹用于存储停用词文件 stopWord.txt，result 文件夹用于保存代码运行结果。

按照如下步骤分别编写代码。

（1）编写 data_prepare.py 将文本数据合并为 test.csv 文件，并保存至 data 目录中。

步骤一：导入工具包

```python
# 导入工具包
import os
import csv
```

步骤二：文本文件合并

```python
# 文本文件合并
def text_combine(path):
    # 1. 获取文件列表
    files = []
    for file in os.listdir(path):
        if file.endswith(".txt"):
            files.append(path + "/" + file)
    # 2. 创建 text.csv 文件，保存结果
    with open('data/text.csv', 'w', newline='',
              encoding='utf-8') as csvfile:
        writer = csv.writer(csvfile)
        writer.writerow(['id', 'title', 'abstract'])
        # 3. 遍历 txt 文件，获取文件编号
        for file_name in files:
            number = (file_name.split('/')[1]).split('_')[0]
            title, text = '', ''
            count = 0
            # 4. 读取标题和内容
            with open(file_name, encoding='utf-8-sig') as f:
```

```
        for line in f:
            if count == 0:
                title += line.strip()
            else:
                text += line.strip()
            count += 1
        res = [number, title, text]
        writer.writerow(res)
```

步骤三：主函数处理

```
# 主函数处理
def main():
    path = 'text_file'
    text_combine(path)


if __name__    '__main__':
    main()
```

步骤四：运行代码

使用如下命令运行实验代码。

```
python data_prepare.py
```

通过执行上述代码，data 目录下会生成 text.csv 文件，如图 3.4 所示。

名称	^	大小
📄 stopWord.txt		10 KB
📄 text.csv		1,732 KB

图 3.4　生成 text.csv 文件

（2）编写 tfidf.py，读取 text.csv 文件，实现基于 TF-IDF 的关键词提取算法。

步骤一：导入模块

```
import codecs
import pandas as pd
import numpy as np
import jieba.posseg
import jieba.analyse
# 导入文本向量化函数
from sklearn.feature_extraction.text import TfidfTransformer
```

```
# 导入词频统计函数
from sklearn.feature_extraction.text import CountVectorizer
```

步骤二：编写 data_read 函数，实现分词、去除停用词和词性筛选等功能

```
# 读取 text.csv 文件：分词、去停用词、词性筛选
def data_read(text, stopkey):
    l = []
    pos = ['n', 'nz', 'v', 'vd', 'vn', 'l', 'a', 'd']      # 定义选取的词性
    seg = jieba.posseg.cut(text)                           # 分词
    for i in seg:
        if i.word not in stopkey and i.flag in pos:        # 去停用词 + 词性筛选
            l.append(i.word)
    return l
```

步骤三：编写 words_tfidf 函数，获取文本 top10 关键词

```
def words_tfidf(data, stopkey, topK):
    idList, titleList, abstractList = \
        data['id'], data['title'], data['abstract']
    corpus = []                          # 将所有文档输出到一个 list 中，一行就是一个文档
    for index in range(len(idList)):
        # 拼接标题和摘要
        text = '%s。%s' % (titleList[index], abstractList[index])
        text = data_read(text, stopkey)  # 文本预处理
        text = " ".join(text)            # 连接成字符串，空格分隔
        corpus.append(text)

    # 1.构建词频矩阵，将文本中的词语转换成词频矩阵
    vectorizer = CountVectorizer()
    # 词频矩阵,a[i][j]:表示 j 词在第 i 个文本中的词频
    X = vectorizer.fit_transform(corpus)
    # 2.统计每个词的 tf-idf 权值
    transformer = TfidfTransformer()
    tfidf = transformer.fit_transform(X)
    # 3.获取词袋模型中的关键词
    word = vectorizer.get_feature_names()
    # 4.获取 tf-idf 矩阵，a[i][j]表示 j 词在 i 篇文本中的 tf-idf 权重
    weight = tfidf.toarray()
    # 5.打印词语权重
    ids, titles, keys = [], [], []
```

```python
    for i in range(len(weight)):
        print(u"-------这里输出第", i + 1, u"篇文本的词语 tf-idf------")
        ids.append(idList[i])
        titles.append(titleList[i])
        df_word, df_weight = [], []  # 当前文章的所有词汇列表、词汇对应权重列表
        for j in range(len(word)):
            print(word[j], weight[i][j])
            df_word.append(word[j])
            df_weight.append(weight[i][j])
        df_word = pd.DataFrame(df_word, columns=['word'])
        df_weight = pd.DataFrame(df_weight, columns=['weight'])
        word_weight = pd.concat([df_word, df_weight], axis=1)  # 拼接词汇列
表和权重列表
        word_weight = word_weight.sort_values(by="weight",
ascending=False)  # 按照权重值降序排列
        keyword = np.array(word_weight['word'])  # 选择词汇列并转成数组格式
        word_split = [keyword[x] for x in range(0, topK)]  # 抽取前 K 个词汇
作为关键词
        word_split = " ".join(word_split)
        keys.append(word_split.encode("utf-8").decode("utf-8"))

    result = pd.DataFrame({"id": ids, "title": titles, "key": keys},
                          columns=['id', 'title', 'key'])
    return result
```

步骤四：主函数处理

```python
def main():
    # 读取数据集
    dataFile = 'data/text.csv'
    data = pd.read_csv(dataFile)
    # 停用词表
    stopkey = [w.strip() for w in codecs.open('data/stopWord.txt', 'r',
encoding="utf-8").readlines()]
    # tf-idf 关键词抽取
    result = words_tfidf(data, stopkey, 10)
    result.to_csv("result/tfidf.csv", index=False)


if __name__ '__main__':
    main()
```

步骤四：运行代码

使用如下命令运行实验代码。

```
python tfidf.py
```

通过执行上述代码，result 目录下会生成 **tfidf.csv** 结果文件，如图 3.5 所示。

```
id,title,key
30059,深圳深化商事制度改革再推4条措施,商事 核身 登记 实名 领照 质量 自助 监管
30060,以海关为突破口广东可扩大与欧盟合作,通关 货物 合作 贸易 查验 机场 便利化
30061,2018粤港经济技术贸易合作交流会在香港举行,实际 合作 两地 总额 贸易 累计
30062,广东荔枝丰收大量上市上月鲜果价格略降,价格上涨 价格下降 价格 上涨 带动 禽
30063,全国首套房贷平均利率继续上升,利率 套房 基准利率 上浮 购房 平均 差值 银行
```

图 3.5　tfidf.csv 结果文件

（3）编写 textrank.py，实现基于 textrank 的关键词提取算法。

步骤一：导入模块

```
import pandas as pd
import jieba.analyse
```

步骤二：编写 words_textrank 函数，实现关键词提取

```
def words_textrank(data, topK):
    idList, titleList, abstractList = \
        data['id'], data['title'], data['abstract']
    ids, titles, keys = [], [], []
    for index in range(len(idList)):
        # 拼接标题和摘要
        text = '%s。%s' % (titleList[index], abstractList[index])
        # 加载自定义停用词表
        jieba.analyse.set_stop_words("data/stopWord.txt")
        print("\"", titleList[index], "\"", " 10 Keywords - TextRank :")
        # TextRank 关键词提取，词性筛选
        keywords = jieba.analyse.textrank(text, topK=topK,
                                allowPOS=('n', 'nz', 'v',
                                          'vd', 'vn',
                                          'l', 'a', 'd'))
        word_split = " ".join(keywords)
        print(word_split)
        keys.append(word_split.encode("utf-8").decode("utf-8"))
```

```
        ids.append(idList[index])
        titles.append(titleList[index])

    result = pd.DataFrame({"id": ids, "title": titles,
                           "key": keys},
                          columns=['id', 'title', 'key'])
    return result
```

步骤三：主函数处理

```
def main():
    dataFile = 'data/text.csv'
    data = pd.read_csv(dataFile)
    result = words_textrank(data, 10)
    result.to_csv("result/textrank.csv", index=False)
if __name__ '__main__':
    main()
```

步骤四：运行代码

使用如下命令运行实验代码。

```
python textrank.py
```

通过执行上述代码，在 result 目录下生成 textrank.csv 文件，如图 3.6 所示。

```
id,title,key
30059,深圳深化商事制度改革再推4条措施,商事 登记 核身 实名 企业 质量 服务
30060,以海关为突破口广东可扩大与欧盟合作,贸易 通关 货物 合作 企业 环境
30061,2018粤港经济技术贸易合作交流会在香港举行,合作 实际 科技 贸易 联合
30062,广东荔枝丰收大量上市上月鲜果价格略降,价格上涨 价格 价格下降 上涨
30063,全国首套房贷平均利率继续上升,利率 套房 平均 购房 上升 保持 上浮
30064,广东省年内全面供应国VI汽柴油,标准 车用 柴油 油品 升级 质量 汽柴油
```

图 3.6　生成 textrank.csv 文件

（4）编写 word2vec_prepare.py，构建候选词向量。

步骤一：导入模块，加载训练后的模型

```
import warnings
warnings.filterwarnings(action='ignore',
                        category=UserWarning,
                        module='gensim')    # 忽略警告
import codecs
```

```python
import pandas as pd
import numpy as np
import jieba                          # 分词
import jieba.posseg
import gensim                         # 加载词向量模型
```

步骤二：编写 word_vecs 函数，返回特征向量

```python
def word_vecs(wordList, model):
    name = []
    vecs = []
    for word in wordList:
        word = word.replace('\n', '')
        try:
            if word in model:  # 模型中存在该词的向量表示
                name.append(word.encode('utf8').decode("utf-8"))
                vecs.append(model[word])
        except KeyError:
            continue
    a = pd.DataFrame(name, columns=['word'])
    b = pd.DataFrame(np.array(vecs, dtype='float'))
    return pd.concat([a, b], axis=1)
```

步骤三：编写 data_prepare 函数，完成分词，去除停用词和词性筛选

```python
def data_prepare(text, stopkey):
    l = []
    # 定义选取的词性
    pos = ['n', 'nz', 'v', 'vd', 'vn', 'l', 'a', 'd']
    seg = jieba.posseg.cut(text)  # 分词
    for i in seg:
        # 去重 + 去停用词 + 词性筛选
        if i.word not in l and i.word\
                not in stopkey and i.flag in pos:
            # print i.word
            l.append(i.word)
    return l
```

步骤四：编写 build_words_vecs 获取候选词的词向量

```python
# 根据数据获取候选关键词词向量
def build_words_vecs(data, stopkey, model):
    idList, titleList, abstractList = data['id'], data['title'], data['abstract']
    for index in range(len(idList)):
        id = idList[index]
        title = titleList[index]
        abstract = abstractList[index]
        l_ti = data_prepare(title, stopkey)          # 处理标题
        l_ab = data_prepare(abstract, stopkey)       # 处理摘要
        # 获取候选关键词的词向量
        words = np.append(l_ti, l_ab)                # 拼接数组元素
        words = list(set(words))                     # 数组元素去重,得到候选关键词列表
        wordvecs = word_vecs(words, model)           # 获取候选关键词的词向量表示
        # 词向量写入 csv 文件, 每个词 400 维
        data_vecs = pd.DataFrame(wordvecs)
        data_vecs.to_csv('result/vecs/wordvecs_' + str(id) + '.csv', index=False)
        print ("document ", id, " well done.")
```

步骤五：主函数处理

```python
def main():
    # 读取数据集
    dataFile = 'data/text.csv'
    data = pd.read_csv(dataFile)
    # 停用词表
    stopkey = [w.strip() for w in codecs.open('data/stopWord.txt', 'r', encoding='utf-8').readlines()]
    # 词向量模型
    inp = 'wiki.zh.text.vector'
    model = gensim.models.KeyedVectors.load_Word2vec_format(inp, binary=False)
    build_words_vecs(data, stopkey, model)


if __name__ '__main__':
    main()
```

步骤六：运行代码

使用如下命令运行实验代码。

```
python Word2vec_prepare.py
```

通过执行上述代码，在 result 目录下生成 vecs 目录文件，该目录文件下存储文本文件对应的词向量文件。生成候选词向量如图 3.7 所示。

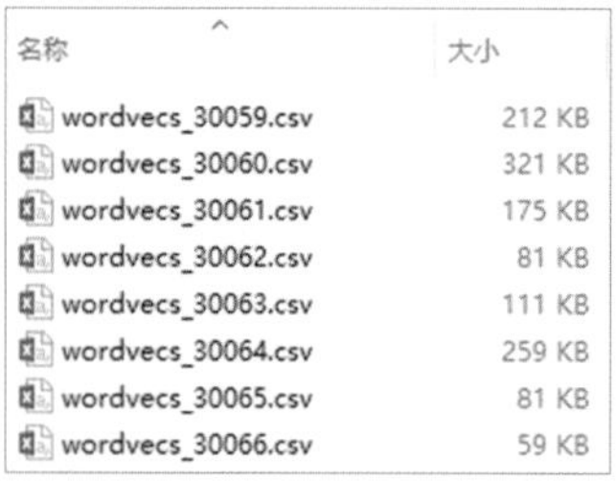

名称	大小
wordvecs_30059.csv	212 KB
wordvecs_30060.csv	321 KB
wordvecs_30061.csv	175 KB
wordvecs_30062.csv	81 KB
wordvecs_30063.csv	111 KB
wordvecs_30064.csv	259 KB
wordvecs_30065.csv	81 KB
wordvecs_30066.csv	59 KB

图 3.7　生成候选词向量

（5）编写 word2vec_result.py，实现基于 Word2vec 词聚类的关键词提取算法。

步骤一：导入模块

```
import os
# 导入 kmeans 聚类算法
from sklearn.cluster import KMeans
import pandas as pd
import numpy as np
import math
```

步骤二：编写 words_kmeans 函数，实现关键词抽取

```
# 对词向量采用 k-Means 聚类抽取 TOPK 关键词
def words_kmeans(data, topK):
    words = data["word"]                          # 词汇
    vecs = data.iloc[:, 1:]                        # 向量表示

    kmeans = KMeans(n_clusters=1, random_state=10).fit(vecs)
    labels = kmeans.labels_                        # 类别结果标签
    labels = pd.DataFrame(labels, columns=['label'])
    new_df = pd.concat([labels, vecs], axis=1)
    vec_center = kmeans.cluster_centers_    # 聚类中心

    # 计算距离（相似性）采用欧几里得距离（欧式距离）
```

```python
        distances = []
        vec_words = np.array(vecs)                # 候选关键词向量，dataFrame 转 array
        vec_center = vec_center[0]                # 第一个类别聚类中心，本例只有一个类别
        length = len(vec_center)                  # 向量维度
        for index in range(len(vec_words)):       # 候选关键词个数
            cur_wordvec = vec_words[index]        # 当前词语的词向量
            dis = 0                               # 向量距离
            for index2 in range(length):
                dis += (vec_center[index2] - cur_wordvec[index2]) * \
                       (vec_center[index2] - cur_wordvec[index2])
            dis = math.sqrt(dis)
            distances.append(dis)
        distances = pd.DataFrame(distances, columns=['dis'])
        # 拼接词语与其对应中心点的距离
        result = pd.concat([words, labels, distances], axis=1)
        # 按照距离大小进行升序排序
        result = result.sort_values(by="dis", ascending=True)

        # 抽取排名前 topK 个词语作为文本关键词
        wordlist = np.array(result['word'])
        # 抽取前 topK 个词汇
        word_split = [wordlist[x] for x in range(0, topK)]
        word_split = " ".join(word_split)
        return word_split
```

步骤三：主函数处理

```python
def main():
    # 读取数据集
    dataFile = 'data/text.csv'
    articleData = pd.read_csv(dataFile)
    ids, titles, keys = [], [], []

    rootdir = "result/vecs"                   # 词向量文件根目录
    fileList = os.listdir(rootdir)            # 列出文件夹下所有的目录与文件
    # 遍历文件
    for i in range(len(fileList)):
        filename = fileList[i]
        path = os.path.join(rootdir, filename)
        if os.path.isfile(path):
```

```
# 读取词向量文件数据
data = pd.read_csv(path, encoding='utf-8')
# 聚类算法得到当前文件的关键词
artile_keys = words_kmeans(data, 5)
# 根据文件名获得文章id及标题
(shortname, extension) = os.path.splitext(filename)
t = shortname.split("_")
article_id = int(t[len(t) - 1])          # 获得文章id
# 获得文章标题
artile_tit = articleData[articleData.id
                         article_id]['title']
print(artile_tit)
print(list(artile_tit))
artile_tit = list(artile_tit)[0]         # series转成字符串
ids.append(article_id)
titles.append(artile_tit)
keys.append(artile_keys.encode("utf-8").decode("utf-8"))
# 所有结果写入文件
result = pd.DataFrame({"id": ids, "title": titles, "key": keys},
                columns=['id', 'title', 'key'])
result = result.sort_values(by="id", ascending=True)  # 排序
result.to_csv("result/Word2vec.csv", index=False,
              encoding='utf_8_sig')


if __name__   '__main__':
    main()
```

步骤四：运行代码

使用如下命令运行实验代码。

```
python Word2vec_result.py
```

通过执行上述代码，在 result 目录下生成 Word2vec.csv 文件，如图 3.8 所示。

```
id,title,key
30059,深圳深化商事制度改革再推4条措施,未 限制 扩大 推出 计划
30060,以海关为突破口广东可扩大与欧盟合作,设立 方向 企业 共同 标准
30061,2018粤港经济技术贸易合作交流会在香港举行,不断 设立 企业 共同 领域
30062,广东荔枝丰收大量上市上月鲜果价格略降,需求 扩大 为主 家庭 分别
30063,全国首套房贷平均利率继续上升,需求 限制 未 变化 作用
30064,广东省年内全面供应国Ⅵ汽柴油,有所 不断 超过 全面 保持
```

图 3.8　生成 Word2vec.csv 文件

4. 实验小结

此次任务我们分别基于 TF-IDF，TextRank 和 Word2vec 词聚类三种算法提取文本关键词，需要特别注意的是基于 Word2vec 实现词聚类时，需要将文本转换为词向量，然后通过 k-Means 聚类提取文本的关键词。关键词提取的最终结果如图 3.9 所示。

📄 vecs		
📄 textrank.csv		73 KB
📄 tfidf.csv		75 KB
📄 word2vec.csv		41 KB

图 3.9　关键词提取的最终结果

本章总结

- 本章介绍了关键词提取的基本概念和方法，主要分为有监督关键词提取和无监督关键词提取。
- 重点介绍了 3 种无监督的关键词提取算法，并详细地介绍了各算法实现关键词提取的具体流程。
- 讲解了基于 TF-IDF、TextRank 和 Word2vec 词聚类的综合案例。

作业与练习

1. [单选题] 下列选项中（　　）不是关键词提取常用的算法。
   A．TextRank
   B．SSA
   C．TF-IDF
   D．LDA

2. [多选题] 下列选项中，TextRank 可以用于解决（　　）任务。
   A．关键词提取
   B．文本分类
   C．文本摘要
   D．机器翻译

3．[单选题] 下列说法错误的是（　　）。

    A．TF-IDF 属于有监督的关键词提取算法

    B．关键词抽取算法分为有监督和无监督两类

    C．Word2vec 属于无监督的关键词提取算法

    D．TextRank 属于无监督的关键词提取算法

4．[单选题] 以下机器学习算法中属于聚类的是（　　）。

    A．KNN

    B．Kmeans

    C．SVN

    D．AdaBoost

5．[多选题] sklearn.feature_extraction.text 模块中实现 tf_idf 的是（　　）。

    A．TfidfTransformer

    B．TfidfTransVectorize

    C．VectorizerMixin

    D．CountVectorizer

NLP-03-c-001

第 2 部分　自然语言处理核心技术

自然语言处理有许多核心技术，文本分类就是其中之一，情感分析也可以认为是一种特殊的文本分类。由此可见，掌握文本分类技术是学习自然语言处理核心技术的基础。通过文本分类，可以实现海量文本的自动归类。本部分的内容主要是使用机器学习和深度学习相关的技术实现中文文本分类和预测，包括第 4~8 章，主要包括以下几个部分内容。

（1）第 4 章介绍朴素贝叶斯中文分类。首先介绍朴素贝叶斯分类算法概述，其次介绍机器学习库 sklearn，最后结合实际案例给出了朴素贝叶斯中文分类的具体过程。

（2）第 5 章介绍 N-gram 语言模型。首先是 N-gram 概述，其次结合实际案例实现基于 N-gram 的新闻文本的预测。

（3）第 6 章介绍 PyTorch 深度框架。首先介绍 PyTorch 基础，其次介绍 PyTorch 数据加载，最后介绍 PyTorch 自带数据集加载。

（4）第 7 章介绍 FastText 文本分类。首先是 FastText 简介，其次介绍 FastText 文本分类。

（5）第 8 章介绍基于深度学习的文本分类。首先介绍基于 TextCNN 的文本分类，其次介绍基于 TextRNN 的文本分类，再次介绍基于 TextRCNN 的文本分类，最后介绍基于深度学习的文本分类综合案例。

第 4 章

朴素贝叶斯中文分类

本章目标

- 理解朴素贝叶斯分类算法的原理。
- 了解机器学习库 skleran 的使用方法。
- 会使用朴素贝叶斯分类算法进行中文分类。

朴素贝叶斯分类算法是基于概率的分类算法，实现思路相当简单，但是在某些情况下分类效果却十分理想，因此本章将介绍基于朴素贝叶斯分类算法实现中文分类的过程。本章内容包括朴素贝叶斯分类算法概述、机器学习库 sklearn 及案例实现——朴素贝叶斯中文分类。

本章包含的实验案例如下。

- 朴素贝叶斯中文分类：使用机器学习库 sklarn 编程得到朴素贝叶斯中文分类模型，并使用所得模型对中文进行分类预测。

4.1 朴素贝叶斯分类算法概述

NLP-04-v-001

4.1.1 概率基础

朴素贝叶斯分类算法是在所有相关概率均已知的前提下，对未知类别的数据计算出最优类别标签的算法。因此，概率是朴素贝叶斯分类算法运行的基础，特别是随机变量的先验概率、条件概率及联合概率。

随机变量的先验概率是指在随机事件发生前对该事件发生的概率进行预先判断的概率量。设随机变量为 X ，其发生的先验概率记为 $P(X)$ 。

条件概率指的是在一个随机事件发生的前提下，另一个随机事件发生的概率。设有两个随机事件，它们分别为 X_1 与 X_2 。在 X_1 发生的前提下， X_2 发生的概率记为 $P(X_2 | X_1)$ 。同理，在 X_2 发生的前提下， X_1 发生的概率记为 $P(X_1 | X_2)$ 。条件概率又称为后验概率，如 $P(X_1 | X_2)$ 代表的就是 X_2 发生之后， X_1 发生的概率。

联合概率是指两个随机事件同时发生的概率。随机事件 X_1 与 X_2 同时发生的概率，即 X_1 与 X_2 的联合概率，记为 $P(X_1, X_2)$ ，此时可设 $X = (X_1, X_2)$ ，则有 $P(X) = P(X_1, X_2)$ 。当事件 X_1 与 X_2 具有相关性时，有：

$$P(X_1, X_2) = P(X_2 | X_1) P(X_1) = P(X_1 | X_2) P(X_2) \tag{4.1}$$

当事件 X_1 与 X_2 相互独立时，有：

$$P(X_2 | X_1) = P(X_2) \tag{4.2}$$

$$P(X_1 | X_2) = P(X_1) \tag{4.3}$$

此时有：

$$P(X_1, X_2) = P(X_2) P(X_1) = P(X_1) P(X_2) \tag{4.4}$$

先验概率、条件概率、联合概率的关系可用以下两式综合体现：

$$P(X_1 | X_2) = P(X_1) \frac{P(X_2 | X_1)}{P(X_2)} \tag{4.5}$$

$$P(X_2 | X_1) = P(X_2) \frac{P(X_1 | X_2)}{P(X_1)} \tag{4.6}$$

进一步化简，可得：

$$P(X_1 | X_2) = \frac{P(X_1, X_2)}{P(X_2)} \tag{4.7}$$

或

$$P(X_2 | X_1) = \frac{P(X_1, X_2)}{P(X_1)} \tag{4.8}$$

来看一个例子：抛掷一枚硬币两次，观察出现正反面的情况，设事件 A 为 "两次出现同一面"，事件 B 为 "至少出现一次正面"，求事件 B 已经发生的条件下事件 A 发生的概率。

由分析可知，样本空间 $\Omega = \{HH, HT, TH, TT\}$ ， $A = \{HH, TT\}$ ， $B = \{HH, HT, TH\}$ ，则得 $P(A) = \frac{2}{4} = \frac{1}{2}$ ， $P(B) = \frac{3}{4}$ ， $P(AB) = \frac{1}{4}$ ，从而可计算出 $P(A | B)$ 的值：

$$P(A \mid B) = \frac{P(B)P(A \mid B)}{P(B)} = \frac{P(AB)}{P(B)} = \frac{\dfrac{1}{4}}{\dfrac{3}{4}} = \frac{1}{3} \tag{4.9}$$

即在事件 B 已经发生的前提下，事件 A 发生的概率为 $\dfrac{1}{3}$。

NLP-04-v-002

4.1.2 朴素贝叶斯分类器

顾名思义，朴素贝叶斯分类器是基于贝叶斯公式的。对于事件 A，导致该事件发生的原因为 $B_j(j=1,2,\cdots,n)$，其中某一个原因 B_i 在促使事件 A 发生的过程当中所占的比率为：

$$P(B_i \mid A) = \frac{P(B_i)P(A \mid B_i)}{\sum\limits_{j=1}^{n} P(B_j)P(A \mid B_j)} \tag{4.10}$$

在式（4.10）中，分母称为全概率公式。通过式（4.10）可以计算在引起事件 A 发生的众多原因当中，由原因 B_i 引起事件 A 发生的概率。贝叶斯公式可以灵活应用在未知事物的分类当中，只要知道相应事件的概率，就可以计算出某一个事物属于某一个分类的概率，举例如下。

一所学校里面有 60% 的学生为男生，40% 的学生为女生。已知男生总是穿裤子，女生则一半穿裤子，一半穿裙子。假设走在该校园中遇到一位穿裤子的学生，请计算该学生为女生的概率。该问题是一个已经知道结果，且知道相应概率，推测导致该结果的原因的典型问题，其中除了明显给出的数据 $P(\text{Boy})=60\%$ 和 $P(\text{Girl})=40\%$，还隐含着一些已知的数据，如穿裤子的男生概率 $P(\text{Pants}|\text{Boy})=100\%$，穿裤子与穿裙子的女生概率为 $P(\text{Pants}|\text{Girl})=P(\text{Skirt}|\text{Girl})=50\%$，现分析如下。

设该学校的总人数为 N，则有：

（1）男生中穿裤子的人数为 $N \times P(\text{Boy}) \times P(\text{Pants}|\text{Boy})=N \times 60\% \times 100\%$；

（2）女生中穿裤子的人数为 $N \times P(\text{Girl}) \times P(\text{Pants}|\text{Girl})=N \times 40\% \times 50\%$；

（3）穿裤子的总人数为 $N \times P(\text{Boy}) \times P(\text{Pants}|\text{Boy})+N \times P(\text{Girl}) \times P(\text{Pants}|\text{Girl})$。

我们的目的是求出 $P(\text{Girl}|\text{Pants})$，即：

$$\begin{aligned} P(\text{Girl} \mid \text{Pants}) &= \frac{\text{穿裤子的女生人数}}{\text{穿裤子的总人数}} \\ &= \frac{N \times P(\text{Girl})P(\text{Pants} \mid \text{Girl})}{N \times P(\text{Boy}) \times P(\text{Pants} \mid \text{Boy}) + N \times P(\text{Girl})P(\text{Pants} \mid \text{Girl})} \end{aligned} \tag{4.11}$$

将各数据代入式（4.11），可得：

$$P(\text{Girl} \mid \text{Pants}) = \frac{0.4 \times 0.5}{0.6 \times 1 + 0.4 \times 0.5} = 0.25 \qquad （4.12）$$

同理，可得：

$$P(\text{Boy} \mid \text{Pants}) = \frac{\text{穿裤子的男生人数}}{\text{穿裤子的总人数}}$$
$$= \frac{N \times P(\text{Boy})P(\text{Pants} \mid \text{Boy})}{N \times P(\text{Boy}) \times P(\text{Pants} \mid \text{Boy}) + N \times P(\text{Girl})P(\text{Pants} \mid \text{Girl})} \qquad （4.13）$$

把相关数据代入式（4.13），可计算出 $P(\text{Boy} \mid \text{Pants}) = 0.75$。

那到底应该把该学生预测为男生还是女生呢？从以上计算可看出，该学生为男生的概率要大于女生，因此可以大胆预测该学生为男生。

将以上问题一般化，当在该校园当中遇到一位穿裤子的学生时，可以计算出该学生为男生或女生的概率，概率大的则作为最终的决策结果，男生或女生可以理解为分类，即将穿裤子的学生分类为男生或女生两个类别，这就是贝叶斯分类器的理论基础。

设 x 为某一个事物的特征向量，$c_k(n = 1, 2, \Lambda, n)$ 为该事物属于的类别，根据贝叶斯公式可得出当该事物具有特征向量 x 时，可将该事物预测为类别 c_k 的概率为：

$$P(c_k \mid \boldsymbol{x}) = \frac{P(c_k)P(\boldsymbol{x} \mid c_k)}{P(\boldsymbol{x})} \qquad （4.14）$$

式（4.14）提供了从 $P(\boldsymbol{x}|c_k)$ 计算得到 $P(c_k|\boldsymbol{x})$ 的途径。但是要根据式（4.14）计算事物属于的类别，有一个假设需要注意，即特征之间是相互独立的（这便是朴素二字的由来），此时式（4.14）可改写为式（4.15）：

$$P(c_k \mid \boldsymbol{x}) = \frac{P(c_k)P(\boldsymbol{x} \mid c_k)}{P(\boldsymbol{x})} = \frac{P(c_k)\prod_{i=1}^{n} P(\boldsymbol{x}^{(i)} \mid c_k)}{P(\boldsymbol{x})} \qquad （4.15）$$

由式（4.15）可知，在计算各后验概率时，分母是一样的，因此我们只需要比较分子，找出分子最大的值对应的类别即可：

$$\max\left\{ P(c_1)\prod_{i=1}^{n} P(\boldsymbol{x}^{(i)} \mid c_1), P(c_2)\prod_{i=1}^{n} P(\boldsymbol{x}^{(i)} \mid c_2), \cdots, P(c_k)\prod_{i=1}^{n} P(\boldsymbol{x}^{(i)} \mid c_k) \right\} \qquad （4.16）$$

朴素贝叶斯可以用来过滤垃圾文本，如识别垃圾邮件、检测社区评论信息等；也可以用在情感判别方面，如微博的褒贬情绪、电商评论信息的情感判断等；还可以用在文本分类方面，如新闻文档的自动识别等。

4.2 机器学习库 sklearn

sklearn（全称为 scikit-learn）是在 numpy、scipy、matplotlib 等数据科学工具包基础上构建的 Python 机器学习库，包括数据集获取、数据预处理、模型构建与验证、特征选择、分类、回归、聚类、降维等机器学习的多个方面，功能十分强大，是 Python 机器学习的首选库。

sklearn 可以提供完善的参考文档，具有丰富的 API，也封装了大量的机器学习算法，内置了大量数据集，节省了获取和整理数据集的时间，使用十分方便。本节主要介绍 sklearn 获取数据、sklearn 数据预处理、sklearn 构建模型三个方面的内容。

4.2.1 sklearn 获取数据

为了快速便捷地搭建机器学习任务，sklearn 库提供了多个经典的数据集，目前所提供的数据集主要针对分类与回归两个任务。要使用 sklearn 提供的数据集，首先要导入数据集模块 datasets，语法为 from sklearn import datasets，该模块可以使用"load_"开头的函数加载一些数据集，如：

（1）load_breast_cancer（），加载乳腺癌数据集，特征为连续数值，标签为 0 或 1，可用于二分类任务；

（2）load_iris（），加载鸢尾花数据集，特征为连续数值，标签为 0、1、2，各类样本数量均衡（均为 50 个），可用于三分类任务；

（3）load_wine（），红酒数据集，特征为连续数值，可用于三分类任务，各类样本数稍有区别；

（4）load_digits（），手写数字数据集，包含 0~9 共 10 个标签，各类样本数均衡，特征是离散数值；

（5）load_boston（），波士顿房价数据集，特征为连续数值，常用于回归任务。

还可以使用"make_"开头的函数自定义数据集，以及使用"fetch_"开头的函数额外下载数据集，为更多的学习任务提供便利。

4.2.2 sklearn 数据预处理

在使用 sklearn 构建机器学习模型时，需要对输入数据的格式进行处理以满足模型输入对数据的要求，一般要处理成 numpy 的 array 格式或 pandas 的 dataframe 格式。此时，往往需要进行数据的预处理，包括将数据集当中字符串类型的标签转化为离散值，当各个特征数值量纲不同时要去除量纲，当特征数值差别较大时要进行标准化等。为此，sklearn 提供了常用的数据预处理功能，包含在 sklearn 的 preprocessing 模块当中，简单举例如下：

（1）MinMaxScaler，最大最小值归一化，主要用于去除量纲，适用于数据有明显的跨度，且数据较为正常，不存在严重异常值的处理场景；

（2）StandardScaler，数据的标准化处理，将数据处理成符合标准正态分布的标准数据，同样可用于去除量纲，对于存在极大或极小值的情况尤为适用；

（3）Binarizer，二值化处理，可将连续特征值转化为离散值；

（4）OneHotEncoder，独热编码，经典的编码方式，可将离散标签转化为使用"0"或"1"构成的一系列二进制数值；

（5）Ordinary，数值编码方式，可用于将标签转化为常规数值。

4.2.3　sklearn 构建模型

使用 sklearn 构建模型是十分方便的，因为其提供了丰富的机器学习算法，主要为分类和回归两个大类型。可以使用 sklearn 构建五种模型：

（1）线性模型，线性回归或逻辑回归，前者用于线性回归分析，后者通过线性回归拟合对数概率来实现二分类；

（2）K 近邻模型，不需要进行训练，通过测试样本周围的多个样本判断类别或拟合数值结果；

（3）支持向量机模型，最经典的机器学习模型，通过最大化间隔寻找最佳的分类边界；

（4）朴素贝叶斯模型，基于贝叶斯公式，通过训练模型来拟合出数据集特征的概率分布，并计算出测试集可能属于的类别的概率，将概率最大的类别作为最终预测结果，是纯粹依据概率完成分类任务的模型；

（5）决策树模型，是强大的机器学习模型，模型的训练过程主要包括特征选择、数据划分、模型剪枝三个步骤，主要包括三个算法，分别是 ID3、C4.5 和 CART。

其中，（1）～（3）和（5）既可以用在分类任务上，也可以用在回归任务当中，但是朴素贝叶斯模型只能用于分类任务。本章就是使用该模型进行文本分类的。

4.3　案例实现——朴素贝叶斯中文分类

NLP-04-v-003

本项目案例使用 sklearn 构建朴素贝叶斯模型，完成对四种类型文本的分类，并实现对未来文档的分类预测。

1. 案例目标

（1）理解文本分类数据的处理思路。

（2）理解朴素贝叶斯工作原理。

（3）掌握使用 sklearn 模块构建朴素贝叶斯模型的方法。

2. 案例环境

朴素贝叶斯中文分类实验环境如表 4.1 所示。

表 4.1   朴素贝叶斯中文分类实验环境

硬　　件	软　　件	资　　源
PC /笔记本电脑	Windows 10/Ubuntu 18.04 Python 3.7.3 jieba 0.42.1 sklearn 0.0	stopword.txt、train_economy.txt、 train_fun.txt、train_health.txt、 train_sport.txt、test_economy.txt、 test_fun.txt、test_health.txt、 test_sport.txt

3. 案例步骤

本项目案例包括两个代码文件，分别为 text_classification.py 和 use_nb.py，功能如下：

（1）text_classification.py 构建文本分类模型；

（2）use_nb.py 使用所构建的文本分类模型进行文本预测。

案例的目录结构如图 4.1 所示。

名称	类型	大小
text_classification.py	Python File	3 KB
nb.pkl	PKL 文件	1,466 KB
tf.pkl	PKL 文件	478 KB
use_nb.py	Python File	1 KB
train_data	文件夹	
stop_word	文件夹	
test_data	文件夹	

图 4.1   案例的目录结构

其中，stop_word 文件夹存放的是停用词文件 stopword.txt。停用词是一些使用非常普遍的词语，对文档分析作用不大，如你、我、他、它、的、了等，一般在文档分析之前需要将停用词去除。可将停用词保存在一个文件中，当需要时读取。train_data 文件夹存放的是训练文本数据。test_data 文件夹存储的是测试数据。不管是训练数据还是测试数据，都是一些新闻数据，每条数据都包含了新闻类型和新闻标题，新闻类型包含财经类、娱乐类、健康类和体育类四种类型，数据以 "---" 分隔，左边为新闻类型，右边为新闻标题，数据格式如图 4.2 所示。

```
财经---1-10月全国房地产开发投资同比增长6.3%，增速提高0.7个百分点
财经---1-10月河北省外贸进出口保持增长 同比增长6%
财经---1.1万亿美债被减后，美媒：中国或清零美债，美或发生债务危机
财经---10-11月中国巧克力品牌线上发展排行榜单TOP10
财经---10000美金的天价海运费来了！订舱之前先摇号，一舱难求！
财经---1031亿千瓦时！三峡电站创单座水电站年发电量世界纪录
财经---10万块钱存银行，这样存，利息 "多领" 2490元
财经---10家营业部转让9家，国开证券 "清仓甩卖" 谋转型
```

图 4.2　数据格式

按照如下步骤分别编写代码。

（1）完成 text_classification.py 的编写，主要步骤如下。

步骤一：设置编码与导入模块

```
# coding=utf-8
import os
import jieba
import joblib
from sklearn.feature_extraction.text import CountVectorizer
from sklearn.naive_bayes import MultinomialNB
from sklearn import metrics
```

步骤二：定义函数以完成分词

```
# 定义函数以完成分词
def load_file(file_path):
    with open(file_path, encoding='utf-8') as f:
        lines = f.readlines()

    titles = []  # 存放样本数据
    labels = []  # 存放样本标签

    for line in lines:
        line = line.encode('unicode-escape').decode('unicode-escape')
        line = line.strip().rstrip('\n')

        _lines = line.split('---')
        if len(_lines) != 2:
            continue
```

```
        label, title = _lines
        words = jieba.cut(title)

        s = ''
        for w in words:
            s += w + ' '

        s = s.strip()

        titles.append(s)
        labels.append(label)

    return titles, labels
```

步骤三：定义加载训练数据函数

```
# 定义加载训练数据函数
def load_data(_dir):
    file_list = os.listdir(_dir)

    titles_list = []
    labels_list = []

    for file_name in file_list:
        file_path = _dir + '/' + file_name

        titles, labels = load_file(file_path)

        titles_list += titles
        labels_list += labels

    return titles_list, labels_list
```

步骤四：定义加载停用词函数

```
# 定义加载停用词函数
def load_stopwords(file_path):
    with open(file_path, encoding='utf-8') as f:
        lines = f.readlines()

    words = []
```

```
    for line in lines:
        line = line.encode('unicode-escape').decode('unicode-escape')
        line = line.strip('\n')
        words.append(line)

    return words
```

步骤五：定义主函数，进行模型的训练

```
def main():
    stop_words = load_stopwords('stop_word/stopword.txt')

    # 加载训练数据
    train_datas, train_labels = load_data('train_data')

    # 文本向量表示
    tf = CountVectorizer(stop_words=stop_words, max_df=0.5)
    train_features = tf.fit_transform(train_datas)
    # train_features_arr = train_features.toarray()

    # 多项式贝叶斯分类器
    # clf = MultinomialNB(alpha=0.001).fit(train_features_arr, train_
labels)
    clf = MultinomialNB(alpha=0.001).fit(train_features, train_labels)

    test_datas, test_labels = load_data('test_data')
    test_features = tf.transform(test_datas)

    # 预测数据
    predicted_labels = clf.predict(test_features)

    # 计算准确率
    score = metrics.accuracy_score(test_labels, predicted_labels)
    print("训练的准确率为：",score)

    joblib.dump(clf, 'nb.pkl')
    joblib.dump(tf, 'tf.pkl')

if __name__  '__main__':
    main()
```

步骤六：运行代码

单击 PyCharm 菜单中的"Run"，或者右击程序名称，选择"text_classification.py"即可运行代码，运行结束会产生两个模型文件 nb.pkl 和 tf.pkl，并且可得训练结果如下。

训练的准确率为：0.9678510998307953

（2）完成 use_nb.py 的编写，主要步骤如下。

步骤一：设置环境与编码、导入模块，并忽视警告

```python
# !/usr/bin/env python
# coding=utf-8

import jieba
import warnings
import joblib
warnings.filterwarnings('ignore')
```

步骤二：模型加载函数及测试函数

```python
MODEL = None
TF = None

def load_model(model_path, tf_path):
    global MODEL
    global TF

    MODEL = joblib.load(model_path)
    TF = joblib.load(tf_path)

def nb_predict(title):
    assert MODEL != None and TF != None

    words = jieba.cut(title)
    s = ' '.join(words)

    test_features = TF.transform([s])
    predicted_labels = MODEL.predict(test_features)

    return predicted_labels[0]
```

步骤三：进行测试，打印测试结果

```
if __name__  '__main__':
    load_model('nb.pkl', 'tf.pkl')
    print(nb_predict('东莞市场采购贸易联网信息平台参加部委首批联合验收'))
    print(nb_predict('留在中超了！踢进生死战决胜一球，武汉卓尔保级成功'))
    print(nb_predict('陈思诚执导的新电影《外太空的莫扎特》首曝海报，黄渤、荣梓杉演
父子'))
    print(nb_predict('红薯的好处：常吃这种食物能够帮你减肥'))
```

步骤四：运行代码

单击 PyCharm 菜单中的 "Run"，或者右击程序名称，选择 "Run use_nb.py" 即可运行代码，运行结果如下，说明已经全部预测正确。

财经
体育
娱乐
健康

4．案例小结

本案例通过朴素贝叶斯分类算法进行中文分类，训练精确率达到了 **96.79%**，测试时全部预测正确，模型的效果相当不错，在实验过程中可参考以下经验：

（1）要注意定义停用词；
（2）可以分别将不用功能的代码模块定义成函数，以加强代码的重用度；
（3）要注意训练数据与测试数据的格式保持一致；
（4）要注意定义编码，以防止出现中文乱码的情况。

本章总结

- 本章介绍了朴素贝叶斯分类算法的基础知识。
- 本章介绍了朴素贝叶斯分类器的工作原理及进行文本分类的实现思路。
- 本章介绍了机器学习库 sklearn 的基本使用方法。
- 本章介绍了使用朴素贝叶斯分类算法进行中文分类的编程技巧。

作业与练习

1．[单选题] 朴素贝叶斯分类算法假设是指（　　　）。

    A．特征独立

    B．条件概率独立

    C．先验概率独立

    D．后验概率独立

2．[单选题] 先验概率是指（　　　）。

    A．预先计算出来的概率

    B．对某事物进行预测的概率

    C．随机事件发生前对该事件发生概率的预先估算

    D．随机事件发生后对事件计算出来的概率

3．[单选题] 贝叶斯公式反映的是（　　　）。

    A．事物发生的可能性大小

    B．原因的可能性大小

    C．某个原因在促进事物发生的过程中所发挥作用的大小

    D．在促进事件发生的众多原因当中，由某一个原因引起事物发生的概率

4．[单选题] 基于贝叶斯公式的分类器之所以叫作朴素贝叶斯分类器是因为（　　　）。

    A．运行原理相对简单

    B．基于概率基础

    C．假设各个特征是相互独立的

    D．假设训练数据是独立的

5．[单选题] 以下不是停用词的是（　　　）。

    A．你们

    B．他们

    C．它们

    D．他们很了不起

NLP-04-c-001

第 5 章

N-gram 语言模型

本章目标

- 了解 N-gram 语言模型的概念。
- 理解 N-gram 语言模型的计算方法。
- 掌握 N-gram 语言模型的构建方法。

在日常生活中，如何评价一个句子是否合理？或者当输入几个汉字，输入法如何推测出下一个字是什么？以上问题均可以使用 N-gram 语言模型解决。本章将介绍 N-gram 语言模型。

本章包含的实验案例如下。

- 新闻文本预测：使用 Python 编程实现 N-gram 语言模型，进行训练之后对新闻文本进行预测。

5.1 N-gram 概述

5.1.1 N-gram 语言模型简介

对于机器翻译而言，当机器翻译给出一个文本序列时，该如何评价该文本序列是否符合人类的使用习惯？此时，可使用语言模型来评价文本序列符合人类语言使用习惯的程度。

语言模型是以统计学为基础的统计语言模型。统计语言模型基于预先人为收集的大规模语料数据，以真实的人类语言为标准，预测文本序列在语料库中出现的概率，以据此判断文本是否合理，简而言之，就是当给语言模型输入一个句子（单词序列）时，输出该句子的概率，即单词序列的联合概率。语言模型示意如图 5.1 所示。

图 5.1　语言模型示意

从概率的角度来讲，语言模型是通过计算一个文本序列（如一个句子）的概率大小来衡量该文本序列的合理程度的。设有一个由 m 个词组成的序列（一个句子），可以计算出该句子的概率。根据乘法公式，有：

$$p(w_1,w_2,\cdots,w_m)=p(w_1)\times p(w_2\,|\,w_1)\times p(w_3\,|\,w_1,w_2)\times\cdots\times p(w_m\,|\,w_1,w_2,\cdots,w_{m-1}) \quad (5.1)$$

但是要根据式（5.1）来计算一个句子的概率是相当复杂的，因此可根据马尔科夫假设进一步简化，得：

$$p(w_1,w_2,\Lambda,w_m)=p(w_i\,|\,w_{i-n+1},\Lambda,w_{i-1}) \quad (5.2)$$

由式（5.2）可知，可使用句子中的前 $i-1$ 个单词计算出第 i 个单词的概率，这就简化了模型计算的复杂度。

N-gram 是一种语言模型，其中的 N 可以取值为 1、2、3 等值。

当 N=1 时，N-gram 语言模型为一元模型，此时有：

$$p(w_1,w_2,\Lambda,w_m)=\overset{m}{\underset{i=1}{\sum}}p(w_i) \quad (5.3)$$

当 N=2 时，N-gram 语言模型为二元模型，此时有：

$$p(w_1,w_2,\Lambda,w_m)=\overset{m}{\underset{i=1}{\sum}}p(w_i\,|\,w_{i-1}) \quad (5.4)$$

当 N=3 时，N-gram 语言模型为三元模型，此时有：

$$p(w_1,w_2,\cdots,w_m)=\overset{m}{\underset{i=1}{\prod}}p(w_i\,|\,w_{i-1},w_{i-2}) \quad (5.5)$$

由式（5.3）~式（5.5）可知，N-gram 当中的 N 代表的是邻近 N 个单词是相关的，基于该概念可以简化概率的计算过程。

5.1.2　N-gram 概率计算

由式（5.2）可计算出一个单词序列出现的概率，但是要根据该式计算概率，依然存在一定的难度，此时可使用极大似然估计来简化计算。在概率论中，概率的极大似然估计是频数，因此可使用频数来近似概率完成计算，即有：

$$p(w_n \mid w_{n-1}) = \frac{C(w_{n-1}w_n)}{C(w_{n-1})} \tag{5.6}$$

$$p(w_n \mid w_{n-1}w_{n-2}) = \frac{C(w_{n-2}w_{n-1}w_n)}{C(w_{n-2}w_{n-1})} \tag{5.7}$$

$$p(w_n \mid w_{n-1}\Lambda\ w_2 w_1) = \frac{C(w_1 w_2 \Lambda\ w_n)}{C(w_1 w_2 \Lambda\ w_{n-1})} \tag{5.8}$$

以 Bi-gram 为例（即 $N=2$）进行计算举例。设有一个语料库（见表 5.1），里面有三个句子。

表 5.1　语料库

序　号	句　子
1	\<s\>I am Sam\<s\>
2	\<s\>Sam I am\<s\>
3	\<s\>I do not like eggs and ham\<s\>

由语料库可知，"I"出现了三次，"I am"出现了两次，因此可计算得到 $p(am \mid I) = \frac{2}{3}$，同理可得 $p(I \mid <s>|) = \frac{2}{3}$、$p(Sam \mid am) = \frac{1}{2}$、$p(<s> \mid Sam) = \frac{1}{2}$、$p(do \mid I) = \frac{1}{3}$、$p(not \mid do) = 1$、$p(like \mid not) = 1$。

5.1.3　案例——N-gram 的实现

NLP-05-v-002

本项目案例使用 sklearn 构建 N-gram 语言模型，以进一步理解 N-gram 语言模型的工作原理。

1. 案例目标

（1）进一步理解 N-gram 语言模型的工作原理。

（2）掌握使用 sklearn 构建 N-gram 语言模型的方法。

2. 案例环境

N-gram 案例实验环境如表 5.2 所示。

表 5.2　N-gram 案例实验环境

硬　　件	软　　件	资　　源
PC／笔记本电脑	Windows 10/Ubuntu 18.04	无

续表

硬　件	软　件	资　源
PC / 笔记本电脑	Python 3.7.3 jieba 0.42.1 sklearn 0.0	无

3. 案例步骤

本项目案例的代码文件为 ngram_test.py，目录结构如图 5.2 所示。

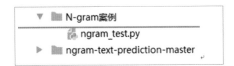

图 5.2　目录结构

按照如下步骤分别编写代码。

步骤一：设置编码与导入模块

```
# coding:utf-8
# 文本特征抽取
from sklearn.feature_extraction.text import CountVectorizer
```

步骤二：构建语料库

```
# 构建语料库
text = ["orange banana apple grape",
        "banana apple apple",
        "grape",
        'orange apple']
```

步骤三：构建 N-gram 语言模型

```
# ngram_range=(2, 2)表明创建的是 Bi-gram; decode_error="ignore"：忽略异常字符,
ngram_vectorizer = CountVectorizer(
    ngram_range=(2, 2),
    decode_error="ignore"
)
```

步骤四：将文本转换为对应的向量

```
x1 = ngram_vectorizer.fit_transform(text)
```

```
print(x1.toarray())
print(ngram_vectorizer.vocabulary_)
```

步骤五：运行代码

单击 PyCharm 菜单中的"Run"，或者右击程序名称，选择"Run ngram_test.py"即可运行代码，运行结果如下。

```
[[0 1 1 0 1]
 [1 0 1 0 0]
 [0 0 0 0 0]
 [0 0 0 1 0]]
{'orange banana': 4, 'banana apple': 2, 'apple grape': 1, 'apple apple':
0, 'orange apple': 3}
```

4. 案例小结

本案例使用 sklearn 构建了 N-gram 语言模型，运行结果为（4，5）的矩阵，每一行对应语料库中的一个句子，每一列对应一个词组是否出现，0 为不出现，1 为出现，在实验过程中可参考以下经验：

（1）可根据需要设置 N 为不同取值；

（2）注意分析 N 取不同值时运行结果对应词组的情况。

5.2　案例实现——基于 N-gram 的新闻文本预测

NLP-05-v-003

本项目案例使用 N-gram 语言模型对新闻数据进行训练，在测试阶段，让该模型对句子的不完整部分进行预测，并给出准确率。

1. 案例目标

（1）理解新闻数据的处理方法。

（2）进一步理解 N-gram 语言模型工作原理。

（3）掌握通过 N-gram 语言模型实现文本预测的整体实现思路。

2. 案例环境

N-gram 文本预测实验环境环境如表 5.3 所示。

表 5.3   N-gram 文本预测实验环境

硬　　件	软　　件	资　　源
PC/笔记本电脑	Windows 10/Ubuntu 18.04 Python 3.7.3 jieba 0.42.1	stopwords.txt、user_dict.txt

3. 案例步骤

本项目案例包括两个代码文件，分别为 data_preprocessing.py 和 n_gram.py，功能如下：

（1）data_preprocessing.py 对新闻数据进行预处理；

（2）n_gram.py 构建 N-gram 语言模型进行训练，并对该模型进行测试。

在实现案例的过程中，要构建以上两个代码文件，目录结构如图 5.3 所示。

图 5.3   目录结构

其中，data 文件夹用于存放训练数据，pre_data 文件夹用于保存预处理后的数据，predictions 文件夹当中的文件用于保存模型预测出来的词组。

按照如下步骤分别编写代码。

（1）完成 data_preprocessing.py 的编写，主要步骤如下。

步骤一：设置编码、加载模块

```
# encoding=utf-8
import re
import jieba
```

步骤二：设置目录变量并加载相关文本

```
# 设置相关目录
data_path = './data/'
```

```
wordtable_path = './wordtable.txt'
stopwords_path = './stopwords.txt'

# 加载停用词
with open(stopwords_path, encoding='utf-8') as f:
    stopwords = f.readlines()
stopwords = set(map(lambda x: x.strip(), stopwords))    # 去除末尾换行符
len(stopwords)

# 加载用户词典
jieba.load_userdict('user_dict.txt')
word_table = {}                                         # 定义词表字典
```

步骤三：进行数据处理并保存

```
# 读取新闻文本，并去除空白符
for i in range(1, 1003):
    with open(data_path + str(i) + '.txt', encoding='utf-8') as f:
        content = f.read()
    content = content.replace('|', ' ')
    content = content.replace(u'\t', '')
    content = content.replace(u'\xa0', '')
    content = content.replace(u'\u3000', '')

    # 切分句子，删除空句子
    content = re.split(', |。|; |? |! |: |\n', content)
    content = list(filter(None, content))

    print(i, len(content), 'sentences')

    # 将处理结果保存，并将无效字符替换为空格
    file = open('./pre_data/' + str(i) + '.txt', 'w', encoding='utf-8')
    for sentence in content:
        sentence = sentence.strip()
        cop = re.compile("[^\u4e00-\u9fa5]")
        sentence = cop.sub(' ', sentence)

        # 分词，并去除停用词
        sentence = jieba.cut(sentence)
```

```
        word_list = [word.strip() for word in sentence if word.strip()
and word not in stopwords]                # 去除停用词
        sentence = ' '.join(word_list)

        for word in word_list:
            word = word.strip()
            word_table[word] = word_table.get(word, 0) + 1

        if sentence:
            file.write(sentence + '\n')   # 保存结果
    file.close()

# 保存词表到文件
with open('wordtable.txt', 'w', encoding='utf-8') as f:
    for i, word in enumerate(word_table):
        f.write(str(i) + ' ' + word + '\n')
```

步骤四：运行代码

单击 PyCharm 菜单中的 "Run"，或者右击程序名称，选择 "Run data_preprocessing.py" 即可运行代码，代码运行结束会在 pre_data 目录下出现一系列文件，它们保存了处理后的结果。

（2）完成 n_gram.py 的编写，主要步骤如下。

步骤一：加载模块

```
import os
import jieba
from collections import Counter
```

步骤二：定义相关变量

```
# 指定n=2，构建Bi-gram模型，并指定相关目录
n = 2
data_path = './pre_data/'
wordtable_path = './wordtable.txt'
stopwords_path = 'stopwords.txt'
testset_path = './testset/'
prediction_path = './predictions/'

# 保存极大似然估计的分子与分母
ngrams_list = []  # n元组（分子）
prefix_list = []  # n-1元组（分母）
```

步骤三：遍历预处理后的数据

```
# 遍历预处理后的数据
for i, datafile in enumerate(os.listdir(data_path)):
    with open(data_path + datafile, encoding='utf-8') as f:
        for line in f:
            sentence = ['<BOS>'] + line.split() + ['<EOS>']  # 添加词首与词尾
            ngrams = list(zip(*[sentence[i:] for i in range(n)]))  # 构建 N-
gram 元组的列表
            prefix = list(zip(*[sentence[i:] for i in range(n - 1)]))  # 遍历
列表
            ngrams_list += ngrams
            prefix_list += prefix

ngrams_counter = Counter(ngrams_list)
prefix_counter = Counter(prefix_list)
```

步骤四：加载词表与停用词

```
# 加载词表与停用词
all_words = []
with open(wordtable_path, encoding='utf-8') as f:
    for line in f.readlines()[1:]:
        all_words.append(line.split()[-1])

# 加载停用词并去除句后换行符
with open(stopwords_path, encoding='utf-8') as f:
    stopwords = f.readlines()
```

步骤五：计算输出句子的概率

```
# 计算输出句子的概率
def probability(sentence):
    prob = 1  # 初始化输出句子的概率
    ngrams = list(zip(*[sentence[i:] for i in range(n)]))  # 将句子处理成 N-
gram 的列表
    for ngram in ngrams:
        # 累乘每个 N-gram 的概率，并使用加一法进行数据平滑
        prob *= (1 + ngrams_counter[ngram]) / (len(prefix_counter) +
prefix_counter[(ngram[0], ngram[1])])
    return prob
```

步骤六：对一个词进行预测并对预测结果完成评估

```python
# 对一个词进行预测并对预测结果完成评估
def predict(pre_sentence, post_sentence, all_words, cand_num=1):
    word_prob = []        # 候选词及其概率构成的元组列表
    for word in all_words:
        test_sentence = pre_sentence[-(n - 1):] + [word] +
post_sentence[:(n - 1)]    # 得预测词及其前后各n-1个词列表
        word_prob.append((word, probability(test_sentence)))  # (词, 概率)
元组构成的列表
    return sorted(word_prob, key=lambda tup: tup[1],
reverse=True)[:cand_num]    # 按概率降序排序并取前 cand_num 个


# 对预测结果进行准确率计算
with open('testset/answer.txt', encoding='utf-8') as f:
    answers = [answer.strip() for answer in f]
prediction_file = open(prediction_path + 'prediction_ngram.txt', 'w',
encoding='utf-8')


# 预测正确的数量
correct_count = 0

with open('testset/questions.txt', encoding='utf-8') as f:
    questions = f.readlines()
    total_count = len(questions)
    for i, question in enumerate(questions):
        question = question.strip()
        pre_mask = question[:question.index('[MASK]')]        # 待预测词的历史
        post_mask = question[question.index('[MASK]') + 6:] # 待预测词后的剩余
部分

        pre_sentence = jieba.cut(pre_mask.replace(', ', ' '))    # 分词
        post_sentence = jieba.cut(post_mask.replace(', ', ' ')) # 分词
        pre_sentence = [word.strip() for word in pre_sentence if
word.strip() and word not in stopwords]  # 去除停用词、空串
        post_sentence = [word.strip() for word in post_sentence if
word.strip() and word not in stopwords]  # 去除停用词、空串

        predict_cand = predict(pre_sentence, post_sentence, all_words)  # 预测
一个概率最大的词
        prediction_file.write(' '.join([w[0] for w in predict_cand]) +
'\n')                        # 将预测结果写入文件
```

```
# 遍历预测结果
for j, p in enumerate(predict_cand):
    if p[0]    answers[i]:
        print(i, '{} [{}] {}'.format(pre_mask, p[0], post_mask))
        correct_count += 1
        break
prediction_file.close()

# 计算准确率真
print('准确率: {}/{}'.format(correct_count, total_count))
```

步骤七：运行代码

单击 PyCharm 菜单中的 "Run"，或者右击程序名称，选择 "Run n_gram.py" 即可运行代码，运行结果如下：

```
D:\Users\tarena\AppData\Local\Programs\Python\Python37\python.exe
D:/Users/tarena/PycharmProjects/nlp_add/news_prediction/n_gram.py
Building prefix dict from the default dictionary ...
Loading model from cache C:\Users\tarena\AppData\Local\Temp\jieba.cache
Loading model cost 0.844 seconds.
Prefix dict has been built successfully.
0 自动驾驶将大幅提升出行安全、效率，助力城市更智能可持续 [发展] 。
1 家用投影仪现在基本已经无人不知无人不晓，不过还是会有很多朋友们出于节约 [成本] 考虑，
在选择第一台投影仪时买了那些千元以下的 "廉价机型"。
2 消费者普遍接受了这种涨价。只有30%的受访者表示，他们正在减少使用共享单车服务，或者干
脆停止使用。53%的受访者表示价格上涨对他们没有影响，或者不知道 [价格] 上涨了。
3 然而，若卫视为了挽救业绩，一味向广告商低头，将节目内容更多地倾向于广告商，必将在一定
程度上牺牲用户体验，进而陷入 [用户] 流失、收视下降、广告商离场、业绩持续下滑的恶性循环。
准确率: 4/6
Process finished with exit code 0
```

4. 案例小结

本案例通过 N-gram 模型对文本进行训练与预测，在实验过程中可参考以下经验：

（1）可根据需要调整 N 的值，以寻找最优的 N 值构建 N-gram 模型；

（2）可以增加训练数据的数量，但是准确率并不会明显提升（本书的后续章节会使用深度学习构建模型来提升文本预测的正确率）；

（3）在读取文件的过程中，要指定编码，以免出现无法读取的情况。

本章总结

- 本章介绍了语言模型的概念。
- 本章介绍了 N-gram 的概率计算方法。
- 本章介绍了使用 N-gram 实现文本预测的编程思路与技巧。

作业与练习

1. [多选题] 语言模型是基于统计学的，能够（　　　）。

A. 预测一个句子后面可能出现的任何句子

B. 通过计算一个句子的概率大小来评估其合理性

C. 对机器翻译给出的一个句子的合理性进行评估

D. 基于频数进行工作

2. [单选题] 如何计算一个文本序列的概率（　　　）。

A. 使用贝叶斯假设中的特征独立假设

B. 使用两个变量的条件概率

C. 使用概率论中的全概率公式

D. 通常直接计算一个句子的概率

3. [单选题] N-gram 中的 $N=1$ 时，代表的是（　　　）。

A. 句子之间是独立的

B. 词与词之间没有任何关系

C. 序列之间是独立的

D. 词与词之间是独立的

4. [单选题] 计算一个文本序列的概率时，通常（　　　）。

A. 直接计算

B. 运用极大似然估计

C. 运用概率的极大似然估计

D. 使用全概率公式

5. [单选题] N-gram 中的 N 值可以（　　　）。

A. 随意指定　　　　　　　　　　　B. $N=2$

C. $N=3$　　　　　　　　　　　　　D. 一般取较小值

NLP-05-c-001

第 6 章

PyTorch 深度学习框架

本章目标

- 掌握 PyTorch 的安装与使用方法。
- 掌握 PyTorch 数据加载的方式。
- 了解 PyTorch 自带的数据集。
- 掌握 PyTorch 编程技巧。

PyTorch 是十分受欢迎的深度学习框架之一，非常适合应用在自然语言处理当中。本章将介绍 PyTorch 深度学习框架，内容包括 PyTorch 基础、PyTorch 数据加载、PyTorch 自带数据集加载。

本章包含的实验案例如下。

- 线性回归的实现：使用 PyTorch 编程实现对数据的线性回归拟合，以体验使用 PyTorch 深度学习框架进行编程的便捷性。

6.1 PyTorch 基础

NLP-06-v-001

6.1.1 PyTorch 的介绍与安装

PyTorch 是目前十分流行的深度学习框架之一，是一款开源深度学习框架，其设计的一个主要目的是缩短研究原型到生产部署的过程，具有简洁、快速、易用、友好等特点，同时其相关社区非常活跃，在深度学习如自然语言处理、计算机视觉等领域应用十分广泛。

要安装 PyTorch，首先就要安装 Python 编程环境，Python 编程环境安装过程此处就不再赘述，读者可以下载相应版本根据提示安装即可。

Python 编程环境安装完成之后，可以使用以下方式安装 PyTorch。

1. 在 CMD 命令行使用 conda 命令方式安装

打开 CMD 界面，输入"conda install pytorch torchvision cudatoolkit=9.0 -c pytorch"命令，安装 GPU 加速版本的 PyTorch；也可输入"conda install pytorch-cpu torchvision-cpu -c pytorch"命令，安装 CPU 版本的 PyTorch。本节安装的是 GPU 加速版本的 PyTorch，其安装过程如图 6.1 所示。如果读者所使用的设备没有独立显卡，可以安装 CPU 版本的 PyTorch，本书的内容对其一样适用。

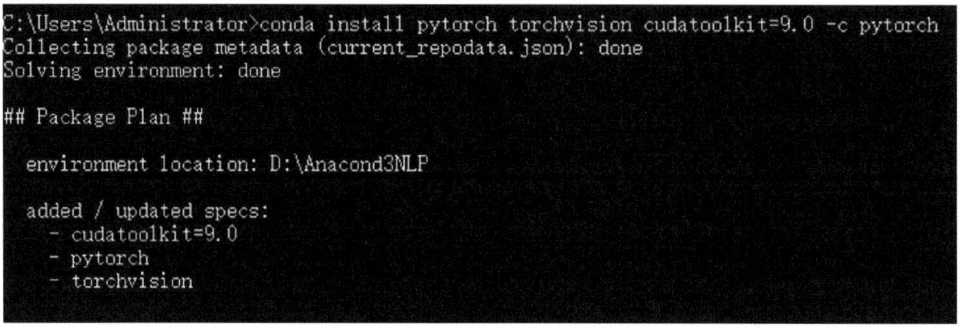

```
C:\Users\Administrator>conda install pytorch torchvision cudatoolkit=9.0 -c pytorch
Collecting package metadata (current_repodata.json): done
Solving environment: done

## Package Plan ##

  environment location: D:\Anacond3NLP

  added / updated specs:
    - cudatoolkit=9.0
    - pytorch
    - torchvision
```

图 6.1　PyTorch 的安装过程

2. 通过 PyCharm 编程软件安装

打开"File"，选中"Settings"，在出来的界面中找到"Project：nlp_add"，在下级菜单中找到"Project Interpreter"，Python 解析器界面如图 6.2 所示。单击右侧的"+"号，在出现的界面的搜索框中输入"torch"，选择"PyTorch"，可根据需要在下侧选择相应版本，单击"Install Package"即可安装，PyTorch 安装界面如图 6.3 所示。

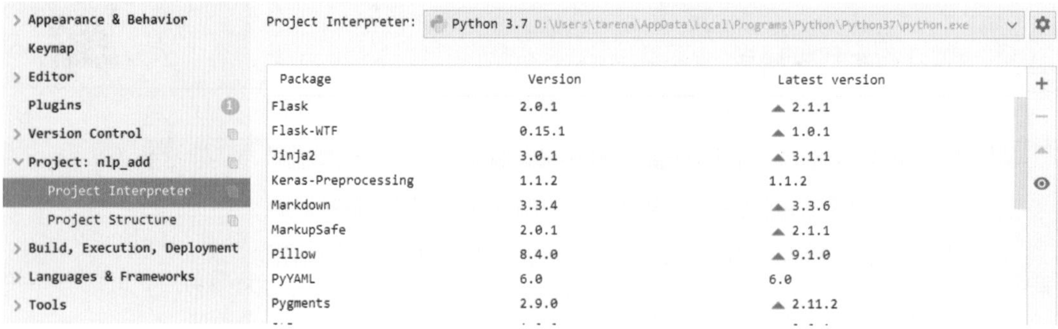

图 6.2　Python 解析器界面

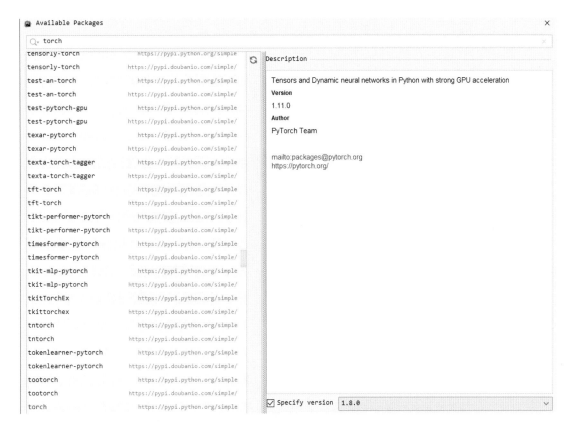

图 6.3　PyTorch 安装界面

不管使用何种方式安装，安装完成之后，均可以在 PyCharm 中新建工程，并编写以下测试代码完成测试。

```
import torch
print(torch.__version__)
```

测试代码运行之后将出现 PyTorch 的版本号信息，如 1.8.0。

6.1.2　PyTorch 入门使用

张量是 PyTorch 的核心概念之一，最早来源于力学，表示的是弹性介质中各点的应力状态，与多维数组类似，但是在 PyTorch 中，可以使用 GPU 来对张量进行加速计算。常用的张量有以下几种类型：

（1）0 阶张量，本质就是一个标量，即一个常数，可记为 0-D Tensor；

（2）1 阶张量，就是一个向量，记为 1-D Tensor；

（3）2 阶张量，与矩阵对应，记为 2-D Tensor；

（4）3 阶张量，在矩阵的基础上又多了一个维度，记为 3-D Tensor。

还有 n 阶张量，可以记为 n-D Tensor，只是在编程中通常用不到。各阶张量示意如图 6.4 所示。

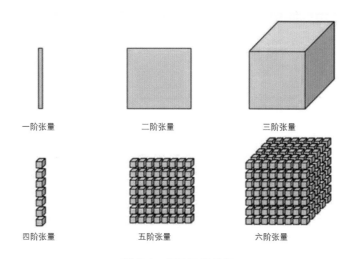

一阶张量　　　　　二阶张量　　　　　三阶张量

四阶张量　　　　　五阶张量　　　　　六阶张量

图 6.4　各阶张量示意

张量可以保存多种数据类型的数据，张量的数据类型如表 6.1 所示。但是，目前张量不能保存字符串类型的数据，如果要保存字符串类型的数据，一个参考方法是将字符串进行独热编码，将字符串类型的数据转换成 01 编码之后再进行存储。

表 6.1　张量的数据类型

数 据 类 型	dtype	张 量 类 型
32 位浮点	torch.float32、troch.float	torch.*.FloatTensor
64 位浮点	torch.float64、torch.double	torch.*.DoubleTensor
16 位浮点	torch.float16、torch.half	torch.*.HalfTensor
8 位无符号整型	torch.uint8	torch.*.ByteTensor
8 位有符号整型	torch.int8	torch.*.Charensor
16 位有符号整型	torch.int16、torch.short	torch.*.ShortTensor
32 位有符号整型	torch.int32、torch.int	torch.*.IntTensor
64 位有符号整型	torch.int64、torch.long	torch.*.LongTensor

在 PyTorch 中可以基于三种方法创建张量。

（1）使用 Python 中的列表或序列创建，如：

```
t1 = torch.tensor([[1., -1.], [1., -1.]])
print(t1)
```

传递给函数的是一个二维的列表，执行的结果形如：

```
tensor([[ 1., -1.],
        [ 1., -1.]])
```

（2）使用 numpy 中的数组创建，如：

```
t2 = torch.tensor(np.array([[1, 2, 3], [4, 5, 6]]))
print(t2)
```

传递给函数的是 numpy 的一个二维 array，执行结果形如：

```
tensor([[1, 2, 3],
        [4, 5, 6]], dtype=torch.int32)
```

（3）使用 torch 提供的 api 创建，如：

```
t3 = torch.rand(2, 3)
print(t3)
```

其中，rand( )函数根据所指定的维度生成符合 0～1 均匀分布的浮点数，执行结果形如：

```
tensor([[0.4434, 0.2152, 0.7092],
        [0.8319, 0.4191, 0.9780]])
```

创建完张量之后，可以使用张量提供的方法进行操作，此处列举了一些常用的方法。

（1）tensor.item( )方法。该方法可以在张量只有一个元素时获取张量中的数据，如：

```
a = torch.tensor(np.arange(1))
print(a.item())
```

传递给 torch.tensor( )方法的是使用 numpy.arange(1)生成的数据，其实就是一个 0，所以张量中只有一个元素，因此执行如果如下：

```
0
```

（2）tensor.numpy( )方法。该方法将一个张量转化为 numpy 数组，如：

```
b = torch.rand(2, 3)
print(b.numpy())
```

b 为一个两行三列的张量，元素值符合 0～1 的均匀分布，b.numpy( )将张量 b 转化为二维数组，执行结果如下：

```
[[0.3094296  0.25556195 0.6487385 ]
 [0.34486145 0.7704017  0.3768915 ]]
```

（3）tensor.size( )方法。该方法返回一个张量的形状，如：

```
a = torch.tensor(np.arange(1))
b = torch.rand(2, 3)
print(a.size())
print(b.size())
```

以上代码执行结果如下：

```
torch.Size([1])
torch.Size([2, 3])
```

细心的读者可看出，张量的 size( )方法与 numpy 中的 shape( )方法作用相同。事实上，张量也有 shape( )方法，同样可以返回张量的形状，如：

```
a = torch.tensor(np.arange(1))
b = torch.rand(2, 3)
print(a.shape)
print(b.shape)
```

执行结果如下：

```
torch.Size([1])
torch.Size([2, 3])
```

与上一个例子完全一致，读者按个人偏好选择一个方法即可。

（4）tensor.view( )方法。该方法可以改变张量的形状，与 numpy 的 reshape( )方法作用相同，如：

```
b = torch.rand(2, 3)
print("b: ")
print(b)
c = b.view(3, 2)
print("c: ")
print(c)
```

执行结果如下：

```
b:
```

```
tensor([[0.9326, 0.1028, 0.1296],
        [0.5890, 0.9203, 0.4482]])
c:
tensor([[0.9326, 0.1028],
        [0.1296, 0.5890],
        [0.9203, 0.4482]])
```

由以上结果可看出，张量 b 的形状为两行三列，使用 tensor.view(3，2)方法改变形状后，形状变为三行两列，而元素的值不变。

（5）tensor.dim( )方法。该方法获取一个张量的阶数，如：

```
d = torch.rand(2, 2, 3)
print("d: ")
print(d)
print("d 的阶数为： ")
print(d.dim())
```

执行结果如下：

```
d:
tensor([[[0.2778, 0.2531, 0.4996],
         [0.5198, 0.0241, 0.3797]],

        [[0.0382, 0.0690, 0.8768],
         [0.9458, 0.3752, 0.8320]]])
d 的阶数为：
3
```

由执行结果可知，张量 d 的阶数为 3，这是因为张量 d 在创建时指定的维度为（2，2，3），其中第一个 2 代表的是张量 d 中包括两个元素，后面的 2 和 3 可理解为张量 d 中的每个元素均是两行三列的二维数组。

（6）tensor.max( )方法。该方法获取一个张量元素中的最大值，如：

```
b = torch.rand(2, 3)
c = b.view(3, 2)
e = c.max()
```

c 为一个 2 阶张量，所有元素都是随机从 0～1 中均匀选择出来的，执行结果如下：

```
tensor(0.9786)
```

6.1.3　梯度下降与反向传播

NLP-06-v-002

在深度学习过程中，损失函数的梯度与损失函数的反向传播是相当重要的，它们决定了模型性能的好坏。

对于一个深度学习模型，给定输入 x，设模型的输出由函数 $f(x)$ 给出，该输出值与实际的标签值 Y 之间存在差异，为了衡量差异的程度，需要定义一个损失函数（Loss Function），也称之为代价函数（Cost Function），即损失函数是用来衡量模型的预测值与实际值之间的差异的，损失函数如图 6.5 所示。

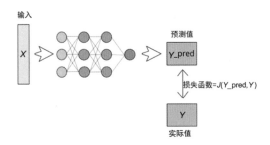

图 6.5　损失函数

常用的损失函数有均方误差与交叉熵。均方误差（Mean Square Error，MSE）是回归任务中常用的损失函数，是所有预测值与实际值之间的差值平方之和，如式（6.1）所示，其图像形状为一条抛物线。MSE 图像如图 6.6 所示。

$$\text{MSE} = \frac{1}{m} \sum_{i=1}^{m} (y_i - \hat{y}_i)^2 \tag{6.1}$$

式中，y_i 为第 i 个实际值，$\hat{y}_i$ 为第 i 个预测值。

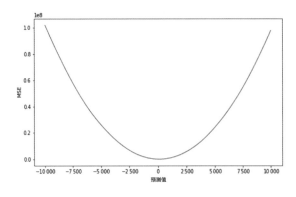

图 6.6　MSE 图像

　　交叉熵是信息论中的一个重要概念，主要用于度量两个不同的概率分布之间的差异信息，在机器学习中可作为分类问题的损失函数。设有两个概率分布，分别为 t_k 与 y_k，交叉熵函数公式可写作式（6.2）。交叉熵图像如图 6.7 所示。

$$E = -\sum_k t_k \log(y_k) \qquad (6.2)$$

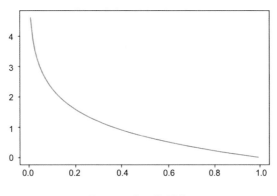

图 6.7　交叉熵图像

　　当将式（6.2）中的 t_k 更换为模型的实际标签值 y_i，将 y_k 更换为 $\hat{y}_i$ 时，可得实际值与预测值之间的差异描述，如式（6.3）所示。

$$E = -\sum_i y_i \log(\hat{y_i}) \qquad (6.3)$$

　　理论上，损失函数的值越小越好，当损失函数的值为 0 时，代表的是预测值与实际值之间没有误差，此情况是最理想的，但是事实上无法达到。所以，在实际的应用中，目标往往是在可接受的误差范围内求解损失函数的最小值。

　　对于一个多元函数而言，函数对各个自变量的偏导数所组成的向量就是梯度，因此梯度是一个矢量，具有大小与方向，代表的是当函数在某一点处沿着梯度的方向改变时变化最为快速，变化率最大，函数沿着此方向可取到最大值。反过来，如果函数沿着梯度的反方向改变，那将可以以最快的速度取到最小值。对于损失函数而言，沿着梯度的反方向收敛速度最快，即能以最快的方式到达极值点。

　　设损失函数 $E = J(w,b)$，E 的梯度为 $\mathrm{grad}E = \nabla J(w,b)$，如式（6.4）所示。

$$\mathrm{grad}E = \nabla J(w,b) = \left\{ \frac{\partial J(w,bf)}{\partial \omega}, \frac{\partial J(w,b)}{\partial b} \right\} \qquad (6.4)$$

　　当损失函数沿着式（6.4）所示的梯度方向向相反方向移动时，将可以以最快的速度收敛于极值点。二元函数极值迭代示意如图 6.8 所示。

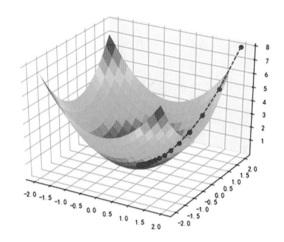

图 6.8　二元函数极值迭代示意

但问题是，损失函数是如何沿着梯度的反方向一步步达到极小值点的？这便是反向传播职责所在。设函数 $y = f(x)$，输出为 E，此时的反向传播顺序为：将 E 乘以节点的局部导数（偏导数），传递给前一个节点。反向传播过程如图 6.9 所示。

图 6.9　反向传播过程

进一步，设有复合函数 z，表达式如式（6.5）所示。

$$z = t^2$$
$$t = x + y$$

（6.5）

可求出 z 对 x 的导数（x 的变化对 z 的影响），如下所示：

$$\frac{\partial z}{\partial x} = \frac{\partial z}{\partial t}\frac{\partial t}{\partial x} \rightarrow \frac{\partial z}{\partial t} = 2t$$

$$\frac{\partial t}{\partial x} = 1 \rightarrow \frac{\partial z}{\partial x} = \frac{\partial z}{\partial t}\frac{\partial t}{\partial x} = 2t \cdot 1 = 2(x + y)$$

（6.6）

同理，可求出 z 对 y 的导数，如下所示：

$$\frac{\partial z}{\partial x} = \frac{\partial z}{\partial t}\frac{\partial t}{\partial y} \rightarrow \frac{\partial z}{\partial t} = 2t$$

$$\frac{\partial t}{\partial y} = 1 \rightarrow \frac{\partial z}{\partial y} = \frac{\partial z}{\partial t}\frac{\partial t}{\partial y} = 2t \cdot 1 = 2(x + y)$$

（6.7）

因此，可得 z 的梯度表达式为：

$$\nabla z = \left\{ \frac{\partial z}{\partial x}, \frac{\partial z}{\partial y} \right\} = \{2(x+y), 2(x+y)\} \qquad (6.8)$$

有了梯度，就可以进行反向传播，此时 z 的反向传播过程示意如图 6.10 所示。

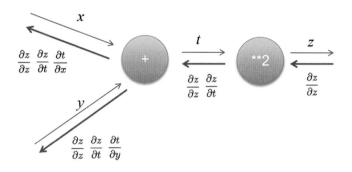

图 6.10　z 的反向传播过程示意

将损失函数反向地向模型的各层进行传播，以使得各层根据损失函数的变化选择适合的步长对各个模型参数进行调整，之后使用调整后的模型参数再进行一次训练迭代，从而得到新的模型参数，再一次进行训练，如此反复迭代，当损失函数的值在误差范围内时，模型的参数即所求，以上就是梯度下降的基本思路。

6.1.4　案例——使用 PyTorch 实现线性回归

本项目案例使用 PyTorch 对数据进行回归拟合，使用梯度下降法求解梯度并进行反向传播，以求解最佳回归参数。

1. 案例目标

（1）掌握 PyTorch 的基本使用方法。
（2）理解损失函数的原理。
（3）理解梯度下降及反向传播。
（4）了解参数调整的实现思路。

2. 案例环境

线性回归环境如表 6.2 所示。

表 6.2 线性回归环境

硬　　件	软　　件	资　　源
PC /笔记本电脑	Windows 10/Ubuntu 18.04 Python 3.7.3 jieba 0.42.1 sklearn 0.0	无

3. 案例步骤

本项目案例包括一个代码文件，名称为 linear_reg.py，目录结构如图 6.11 所示。

名称 ^	修改日期	类型
linear_reg.py	2021/9/7 16:40	Python File

图 6.11　目录结构

按照如下步骤编写代码。

步骤一：设置编码与导入模块

```
# coding:utf-8
import torch
from matplotlib import pyplot as plt
```

步骤二：根据 $y=3x+0.8$ 准备训练数据，并定义模型参数

```
# 根据 y = 3x+0.8 准备训练数据，并定义模型参数
x = torch.rand([50])
y = 3 * x + 0.8

w = torch.rand(1, requires_grad=True)
b = torch.rand(1, requires_grad=True)
```

步骤三：定义损失函数并求解梯度

```
# 定义损失函数并求解梯度
def loss_fn(y, y_predict):
    loss = (y_predict - y).pow(2).mean()
    for i in [w, b]:
        # 每次反向传播前把梯度置为 0
        if i.grad is not None:
            i.grad.data.zero_()
    # [i.grad.data.zero_() for i in [w,b] if i.grad is not None]
```

```
    loss.backward()  # 求解梯度
    return loss.data
```

步骤四：定义优化函数以调整参数

```
def optimize(learning_rate):
    # print(w.grad.data,w.data,b.data)
    # 更新参数值
    w.data -= learning_rate * w.grad.data
    b.data -= learning_rate * b.grad.data
```

步骤五：迭代训练

```
# 迭代训练
for i in range(3000):
    # 计算预测值
    y_predict = x * w + b

    # 计算损失，把参数的梯度置为 0，进行反向传播
    loss = loss_fn(y, y_predict)

    if i % 500   0:
        print(i, loss)
    # 更新参数 w 和 b
    optimize(0.01)
```

步骤六：绘制图形，观察训练结束的预测值和真实值

```
# 绘制图形，观察训练结束的预测值和真实值
predict = x * w + b   # 使用训练后的 w 和 b 计算预测值

plt.scatter(x.data.numpy(), y.data.numpy(), c="r")
plt.plot(x.data.numpy(), predict.data.numpy())
plt.show()

print("w 的值为：", w)
print("b 的值为：", b)
```

步骤七：运行代码

单击 PyCharm 菜单中的"Run"，或者右击程序名称，选择"Run linear_reg.py"即可运行代码，结果如下：

```
0 tensor(3.0450)
500 tensor(0.0482)
1000 tensor(0.0142)
1500 tensor(0.0042)
2000 tensor(0.0012)
2500 tensor(0.0004)
w 的值为: tensor([2.9624], requires_grad=True)
b 的值为: tensor([0.8179], requires_grad=True)
```

拟合效果如图 6.12 所示。

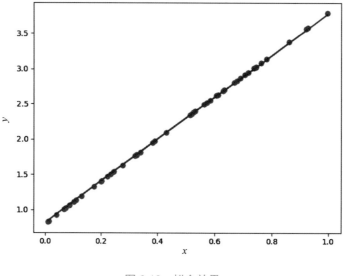

图 6.12　拟合效果

4. 案例小结

本案例通过使用 PyTorch 实现了线性回归拟合，当迭代步数达到 2 500 时，损失函数的值为 0.000 4，该值相当接近 0，由图 6.12 可看出拟合效果相当不错，同时在实验过程中我们可借鉴以下经验：

（1）对于回归拟合而言，损失函数往往是 MSE；

（2）在编程过程中可以调整学习率，以观察迭代效果；

（3）可以调整迭代步数，以观察损失函数值的变化过程；

（4）要注意通过绘制图像比较实际值与拟合值之间的切合程度。

6.2　PyTorch 数据加载

6.2.1　使用数据加载器的目的

之前的线性回归拟合案例所使用的数据量为 50，即 (x_i, y_i)，$i = 1, 2, \Lambda, 50$，如此小规模的数据量对于任何一台计算机而言，均能一次性加载到内存中，以备模型训练使用。但是深度学习模型的参数非常多，为了得到模型的参数，需要用大量的数据对模型进行训练，所以数据量一般是相当大的，不可能一次性加载到内存中对所有数据进行向前传播和反向传播，因此需要分批次将数据加载到内存中对模型进行训练。使用数据加载器的目的就是方便分批次将数据加载到模型，以分批次的方式对模型进行迭代训练。

6.2.2　DataSet 的使用方法

NLP-06-v-003

在使用 PyTorch 进行深度学习框架编程的过程中，可以使用 PyTorch 提供的 DataSet 来加载数据。Dataset 是 PyTorch 中用来处理数据集的抽象类，可以通过继承基类 torch.utils.data.Dataset 快速地加载数据，但是要先实现 __len__（ ）方法及 __getitem__（ ）方法，前者返回数据集大小，后者通过下标方式获取数据。以下是通过 Dataset 加载情感分析二分类数据集的例子。情感分析二分类数据集包含两列，分别是文本与标签，将数据保存于代码目录下。

代码如下：

```
# 设置编码方式及导入相关包
# coding:utf-8
from torch.utils.data import Dataset, DataLoader
import pandas as pd

# 继承 Dataset 基类，实现数据加载
class SentimentDataset(Dataset):
    # 初始化
    def __init__(self, path_to_file):
        self.dataset = pd.read_csv(path_to_file, sep="\t", names=["text",
"label"])

    # 返回数据的长度
    def __len__(self):
        return len(self.dataset)
```

```
# 根据编号返回数据
def __getitem__(self, idx):
    text = self.dataset.loc[idx, "text"]      # 文本
    label = self.dataset.loc[idx, "label"]    # 标签
    sample = {"text": text, "label": label}   # 数据样本
    return sample


if __name__ "__main__":
    sentiment_dataset = SentimentDataset("sentiment.test.data")
    print(sentiment_dataset.__getitem__(0))       # 查看第一条数据

    sentiment_dataloader = DataLoader(
        sentiment_dataset,                         # 数据集实例化
        batch_size=4,
        shuffle=True,
        num_workers=2
    )

    count = 0
    for idx, batch_samples in enumerate(sentiment_dataloader):
        text_batchs, text_labels = batch_samples["text"],
batch_samples["label"]
        print(idx,text_batchs)
        count += 1
        if count==3
            break
```

6.2.3　DataLoader 的使用方法

在 6.2.2 节使用 Dataset 加载数据时，其并没有实现所有功能，其中最为重要的有三个：

（1）批处理数据；

（2）打乱数据；

（3）使用多线程并行加载数据。

而以上三个功能是深度学习加载数据最为重要的，此时可以使用 PyTorch 提供的 torch.utils.data.DataLoader 类来解决以上问题。在使用该类进行实例化时，有几个参数需要指定。

（1）dataset：该参数指定数据集。

（2）batch_size：该参数指定每个批次数据的大小，通常指定为 128、256 等。

（3）shuffle：该参数为布尔类型，指定是否在每次获取数据的时候打乱数据顺序。

（4）num_workers：该参数指定并行加载数据的线程个数。

在 6.2.2 节的例子当中已经使用了 DataLoader 类实现数据的分批次加载等功能，代码片断截取如下：

```
sentiment_dataloader = DataLoader(
    sentiment_dataset, # 数据集的实例化
    batch_size=4,
    shuffle=True,
    num_workers=2
)
```

6.3　PyTorch 自带数据集加载

为了方便学习，也为了方便验证模型的性能，PyTorch 提供了很多数据集，如 EMNIST、MNIST、Fashion MNIST、CIFAR、LSUN、CelebA、Cityscapes、VOCSegmentation、Flickr、COCOCaption 等，它们主要分为图片数据类型与文本数据类型两种。

两种类型的数据集由两个 PyTorch 模块提供编程下载，分别是 torchvision 和 torchtext。其中，torchvision 模块提供与图片数据处理相关的 API 和数据，使用方式为 torchvision.datasets；torchtext 提供与文本数据处理相关的 API 和数据，使用方式为 torchtext.datasets。

以下是加载 MNIST 数据集的过程。MNIST 数据集是 Yann LeCun 等人制作并提供的手写数字数据集，包含的数字为 0～9，有 60 000 张训练图片，10 000 张测试图，每张图片为单通道的灰度图，大小为 28×28。代码如下：

```
import torchvision

dataset = torchvision.datasets.MNIST(
    root="./data",
    train=True,
    download=True,
    transform=None
)


print(dataset[0])
```

运行之后出现以下结果:

```
Downloading http://yann.lecun.com/exdb/mnist/train-images-idx3-ubyte.gz
Downloading http://yann.lecun.com/exdb/mnist/train-images-idx3-ubyte.gz
to ./data\MNIST\raw\train-images-idx3-ubyte.gz
9913344it [00:08, 1172416.75it/s]
Extracting ./data\MNIST\raw\train-images-idx3-ubyte.gz
to ./data\MNIST\raw

......

Downloading http://yann.lecun.com/exdb/mnist/t10k-labels-idx1-ubyte.gz
Downloading http://yann.lecun.com/exdb/mnist/t10k-labels-idx1-ubyte.gz
to ./data\MNIST\raw\t10k-labels-idx1-ubyte.gz
5120it [00:00, 10124863.97it/s]
Extracting ./data\MNIST\raw\t10k-labels-idx1-ubyte.gz
to ./data\MNIST\raw

(<PIL.Image.Image image mode=L size=28x28 at 0x2E4C24AE820>, 5)
```

本章总结

- 本章介绍了 PyTorch 的安装过程和张量及其常用方法。
- 本章介绍了损失函数和梯度的概念、梯度下降的原理及反向传播过程。
- 本章介绍了 PyTorch 数据加载方法如 Dataset 和 DataLoader。
- 本章介绍了 PyTorch 自带的数据集及其加载使用方式。

作业与练习

1. [多选题] PyTorch 的特点有（　　）。
   A. 简洁、快速　　　　　　　　　　B. 方便使用
   C. 编程界面美观　　　　　　　　　D. 可以用于深度学习的任何方面

2．[单选题] 0 阶张量是（　　　）。

　　A．一维数组　　　　　　　　　　B．一个向量

　　C．一个常数　　　　　　　　　　D．一个字符

3．[单选题] 张量不可以直接保存的数据类型是（　　　）。

　　A．int　　　　　　　　　　　　　B．8 位整型

　　C．16 位整型　　　　　　　　　　D．字符串

4．[单选题] 一个多元函数的梯度是（　　　）。

　　A．函数的导数　　　　　　　　　　B．各个偏导数组成的矢量

　　C．标量　　　　　　　　　　　　　D．多维数组

5．[单选题] 梯度的反方向是（　　　）。

　　A．函数增加最快的方向　　　　　　B．梯度下降最快的方向

　　C．函数减小最快的方向　　　　　　D．梯度上升最快的方向

NLP-06-c-001

第 7 章

FastText 模型文本分类

本章目标

- 掌握 FastText 模型原理。
- 掌握 FastText 模型结构。
- 掌握 FastText 模型实现流程。

机器学习算法虽然可以很好地对自然语言文本达到分类的效果，但是它需要大量的特征工程，这样会投入大量的计算资源、时间成本进行模型训练，在一些准确度要求不高的项目场景中，就会得不偿失。FastText 模型对传统机器学习算法进行了改进，可以达到很快的运行速度，同时可以保证相对较高的精确度。

本章包含的实验案例如下。

- 中文文本分类：数据集从 THUCNews 上抽取 20 万条新闻标题，文本长度在 20～30 字，总计 10 个类别，每类 2 万条进行分类操作，并基于 PyTorch 完成 FastText 模型处理。

7.1 FastText 模型简介

7.1.1 FastText 模型原理

FastText 模型是脸书开源的一个词向量与文本分类工具。其在 2016 年开源，典型应用场景是"带监督的文本分类问题"。其可以提供简单而高效的文本分类和表征学习的方法，性能比肩深度学习而且速度更快。

　　FastText 模型结合了自然语言处理和机器学习中最成功的理念。我们另外采用了一个 softmax 层级(利用了类别不均衡分布的优势)来加速运算过程。

　　FastText 模型是一个快速文本分类模型算法，与基于神经网络的分类模型算法相比有以下优点：

- FastText 模型在保持高精度的情况下提高了训练速度和测试速度；
- FastText 模型不需要预训练好的词向量，其可以自己训练词向量；
- FastText 模型两个重要的优化是 Hierarchical softmax 和 N-gram。

7.1.2　FastText 模型结构

　　FastText 模型的架构和 Word2vec 中的 CBOW 的架构类似，FastText 模型是 Word2vec 的衍生产品。

　　FastText 模型的架构非常简单，如图 7.1 所示，网络分为三层：输入层、隐含层、输出层。

- 输入层：对文档插入之后的向量，包含有 N-gram 特征。
- 隐含层：对输入数据的求和平均。
- 输出层：文档对应标签。

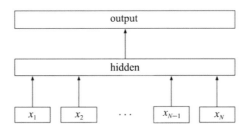

图 7.1　FastText 模型的架构

7.1.3　FastText 模型优化

　　FastText 模型通过加入 subword、N-gram 信息，不但解决了低频词、未登录词的表达问题，而且对于最终任务精度一般会有几个百分点的提升。其唯一的问题就是由于需要估计的参数多，模型可能会比较膨胀。

　　其优化方式如下。

　　（1）采用 hash-trick。由于 N-gram 原始的空间太大，可以用某种 hash 函数将其映射到固定大小的 buckets 中去，从而实现内存可控。

（2）采用 quantize 命令，对生成的模型进行参数量化和压缩。

（3）降低最终向量的维度。

需要注意的是，以上几种方法都是以一定的精度损失为代价的，尤其是会降低维度，具体可以在实践中权衡。

7.2　案例实现——FastText 模型文本分类

NLP-07-v-002

1. 实验目标

掌握 FastText 模型的构建方法。

2. 实验环境

实验环境如表 7.1 所示。

表 7.1　实验环境

硬　件	软　件	资　源
PC /笔记本电脑	Windows 10/Ubuntu 18.04 Python 3.7.3 numpy 1.18.5 sklearn 0.0 torch 1.8.0 tqdm 4.61.2	data 文件夹下数据

3. 实验步骤

项目目录如图 7.2 所示。

图 7.2　项目目录

各部分代码如下。

（1）load_data.py 代码编写。

步骤一：导入必要的库及参数配置

```
import os
import pickle as pkl
from tqdm import tqdm


MAX_VOCAB_SIZE = 10000            # 词表长度限制
UNK, PAD = '<UNK>', '<PAD>'       # 未知字, padding 符号
```

步骤二：编写编辑词典函数

```
def build_vocab(file_path, tokenizer, max_size, min_freq):
    vocab_dic = {}
    with open(file_path, 'r', encoding='UTF-8') as f:
        for line in tqdm(f):
            lin = line.strip()
            if not lin:
                continue
            content = lin.split('\t')[0]
            for word in tokenizer(content):
                vocab_dic[word] = vocab_dic.get(word, 0) + 1
        vocab_list = sorted([_ for _ in vocab_dic.items() if _[1] >=
min_freq], key=lambda x: x[1], reverse=True)[
                    :max_size]
        vocab_dic = {word_count[0]: idx for idx, word_count in
enumerate(vocab_list)}
        vocab_dic.update({UNK: len(vocab_dic), PAD: len(vocab_dic) + 1})
    return vocab_dic
```

步骤三：编辑建立数据集函数

```
def build_dataset(config, ues_word):
    if ues_word:
        tokenizer = lambda x: x.split(' ')        # 以空格隔开, word-level
    else:
        tokenizer = lambda x: [y for y in x]      # char-level
    if os.path.exists(config.vocab_path):
        vocab = pkl.load(open(config.vocab_path, 'rb'))
```

```python
        else:
            vocab = build_vocab(config.train_path, tokenizer=tokenizer,
max_size=MAX_VOCAB_SIZE, min_freq=1)
            pkl.dump(vocab, open(config.vocab_path, 'wb'))
        print(f"Vocab size: {len(vocab)}")

    def load_dataset(path, pad_size=32):
        contents = []
        with open(path, 'r', encoding='UTF-8') as f:
            for line in tqdm(f):
                lin = line.strip()
                if not lin:
                    continue
                content, label = lin.split('\t')
                words_line = []
                token = tokenizer(content)
                seq_len = len(token)
                if pad_size:
                    if len(token) < pad_size:
                        token.extend([PAD] * (pad_size - len(token)))
                    else:
                        token = token[:pad_size]
                        seq_len = pad_size
                # 单词到编号的转换
                for word in token:
                    words_line.append(vocab.get(word, vocab.get(UNK)))

                contents.append((words_line, int(label), seq_len))
        return contents

    train = load_dataset(config.train_path, config.pad_size)
    dev = load_dataset(config.dev_path, config.pad_size)
    test = load_dataset(config.test_path, config.pad_size)
    return vocab, train, dev, test
```

（2）load_data_iter.py 代码编写。

步骤一：批量加载数据

```python
import torch


# 批量加载数据
class DatasetIterater(object):
    def __init__(self, batches, batch_size, device):
        self.batch_size = batch_size
        self.batches = batches
        self.n_batches = len(batches) // batch_size
        self.residue = False                # 记录batch数量是否为整数
        if len(batches) % self.n_batches != 0:
            self.residue = True
        self.index = 0
        self.device = device

    def _to_tensor(self, datas):
        x = torch.LongTensor([_[0] for _ in datas]).to(self.device)
        y = torch.LongTensor([_[1] for _ in datas]).to(self.device)

        # pad前的长度(超过pad_size的设为pad_size)
        seq_len = torch.LongTensor([_[2] for _ in datas]).to(self.device)
        return (x, seq_len), y

    def __next__(self):
        if self.residue and self.index    self.n_batches:
            batches = self.batches[self.index * self.batch_size:
len(self.batches)]
            self.index += 1
            batches = self._to_tensor(batches)
            return batches

        elif self.index >= self.n_batches:
            self.index = 0
            raise StopIteration
        else:
            batches = self.batches[self.index * self.batch_size:
(self.index + 1) * self.batch_size]
            self.index += 1
```

```
            batches = self._to_tensor(batches)
            return batches

    def __iter__(self):
        return self

    def __len__(self):
        if self.residue:
            return self.n_batches + 1
        else:
            return self.n_batches
```

步骤二：编写数据迭代函数

```
def build_iterator(dataset, config, predict):
    if predict is True:
        config.batch_size = 1
    iter = DatasetIterater(dataset, config.batch_size, config.device)
    return iter
```

（3）FastText.py 代码编写。

步骤一：导入必要的库及参数配置

```
import torch
import torch.nn as nn
import torch.nn.functional as F
import numpy as np
```

步骤二：编写参数配置类

```
class Config(object):

    """配置参数"""
    def __init__(self):
        self.model_name = 'FastText'
        self.train_path = './data/train.txt'          # 训练集
        self.dev_path = './data/dev.txt'              # 验证集
        self.test_path = './data/test.txt'            # 测试集
        self.predict_path = './data/predict.txt'
        self.class_list = \
            [x.strip() for x in open('./data/class.txt', encoding='utf-
8').readlines()]
```

```python
        self.vocab_path = './data/vocab.pkl'                          # 词表
        # 模型训练结果
        self.save_path = './saved_dict/' + self.model_name + '.ckpt'
        self.device = torch.device(
            'cuda' if torch.cuda.is_available() else 'cpu')  # 设备

        self.dropout = 0.5
        # 若超过 1000batch 效果还没提升，则提前结束训练
        self.require_improvement = 1000
        self.num_classes = len(self.class_list) # 类别数
        self.n_vocab = 0                                    # 词表大小，在运行时赋值
        self.num_epochs = 5                                 # epoch 数
        self.batch_size = 128                               # mini-batch 大小
        self.pad_size = 32                                  # 每句话处理成的长度(短填长切)
        self.learning_rate = 1e-3                           # 学习率
        self.embed = 300                                    # 字向量维度
        self.filter_sizes = (2, 3, 4)                       # 卷积核尺寸
        self.num_filters = 256                              # 卷积核数量(channels 数)

        self.dropout = 0.5                                  # 随机失活
        # 若超过 1000batch 效果还没提升，则提前结束训练
        self.require_improvement = 1000
        self.num_classes = len(self.class_list) # 类别数
        self.n_vocab = 0                                    # 词表大小，在运行时赋值
        self.num_epochs = 10                                # epoch 数
        self.batch_size = 128                               # mini-batch 大小
        self.pad_size = 32                                  # 每句话处理成的长度(短填长切)
        self.learning_rate = 1e-3                           # 学习率
        self.embed = 300                                    # 字向量维度
        self.hidden_size = 256                              # 隐藏层大小
```

步骤三：编写模型类

```python
class Model(nn.Module):
    def __init__(self, config):
        super(Model, self).__init__()
        self.embedding = nn.Embedding(
            config.n_vocab,                          # 词汇表达的大小
            config.embed,                            # 词向量的的维度
            padding_idx=config.n_vocab-1 # 填充
```

```
    )
    self.dropout = nn.Dropout(config.dropout)
    self.fc1 = nn.Linear(config.embed, config.hidden_size)
    self.dropout = nn.Dropout(config.dropout)
    self.fc2 = nn.Linear(config.hidden_size, config.num_classes)

def forward(self, x):
    out_word = self.embedding(x[0])
    out = out_word.mean(dim=1)
    out = self.dropout(out)
    out = self.fc1(out)
    out = F.relu(out)
    out = self.fc2(out)
    return out
```

（4）train.py 代码编写。

步骤一：导入必要的库及参数配置

```
import numpy as np
import torch
import torch.nn.functional as F
from sklearn import metrics
```

步骤二：编写训练函数

```
# 编写训练函数
def train(config, model, train_iter, dev_iter):
    print("begin")
    model.train()
    optimizer = torch.optim.Adam(model.parameters(), lr=config.learning_
rate)

    total_batch = 0            # 记录进行到多少 batch
    dev_best_loss = float('inf')
    last_improve = 0           # 记录上次验证集 loss 下降的 batch 数
    flag = False               # 记录是否很久没有效果提升
    for epoch in range(config.num_epochs):
        print('Epoch [{}/{}]'.format(epoch + 1, config.num_epochs))
        # 批量训练
        for i, (trains, labels) in enumerate(train_iter):
            outputs = model(trains)
```

```
        model.zero_grad()
        loss = F.cross_entropy(outputs, labels)
        loss.backward()
        optimizer.step()
        if total_batch % 100   0:
            # 每多少轮输出在训练集和验证集上的效果
            true = labels.data.cpu()
            predict = torch.max(outputs.data, 1)[1].cpu()
            train_acc = metrics.accuracy_score(true, predict)
            dev_acc, dev_loss = evaluate(config, model, dev_iter)
            if dev_loss < dev_best_loss:
                dev_best_loss = dev_loss
                torch.save(model.state_dict(), config.save_path)
                improve = '*'
                last_improve = total_batch
            else:
                improve = ''
            msg = 'Iter: {0:>6}, Train Loss: {1:>5.2}, Train Acc: {2:>6.2%}, ' \
                  ' Val Loss: {3:>5.2}, Val Acc: {4:>6.2%}'
            print(msg.format(
                total_batch, loss.item(), train_acc, dev_loss, dev_acc,
improve))
            model.train()
        total_batch += 1
        if total_batch - last_improve > config.require_improvement:
            # 验证集 loss 超过 1000batch 没下降，结束训练
            print("No optimization for a long time, auto-stopping...")
            flag = True
            break
    if flag:
        break
```

步骤三：编写评价函数

```
def evaluate(config, model, data_iter, test=False):
    model.eval()
    loss_total = 0
    predict_all = np.array([], dtype=int)
    labels_all = np.array([], dtype=int)
    with torch.no_grad():
```

```
        for texts, labels in data_iter:
            outputs = model(texts)
            loss = F.cross_entropy(outputs, labels)
            loss_total += loss
            labels = labels.data.cpu().numpy()
            predict = torch.max(outputs.data, 1)[1].cpu().numpy()
            labels_all = np.append(labels_all, labels)
            predict_all = np.append(predict_all, predict)

    acc = metrics.accuracy_score(labels_all, predict_all)
    if test:
        report = metrics.classification_report(
            labels_all, predict_all, target_names=config.class_list,
digits=4)
        confusion = metrics.confusion_matrix(labels_all, predict_all)
        return acc, loss_total / len(data_iter), report, confusion
    return acc, loss_total / len(data_iter)
```

（5）predict.py 代码编写。

步骤一：导入必要的库及参数配置

```
import torch
import numpy as np
from train import evaluate


MAX_VOCAB_SIZE = 10000
UNK, PAD = '<UNK>', '<PAD>'

tokenizer = lambda x: [y for y in x]  # char-level
```

步骤二：编写测试函数

```
def test(config, model, test_iter):
    # test
    # 加载训练好的模型
    model.load_state_dict(torch.load(config.save_path))
    model.eval()  # 开启评价模式

    test_acc, test_loss, test_report, test_confusion = \
        evaluate(config, model, test_iter, test=True)
```

```
    msg = 'Test Loss: {0:>5.2},  Test Acc: {1:>6.2%}'
    print(msg.format(test_loss, test_acc))
    print("Precision, Recall and F1-Score...")
    print(test_report)
    print("Confusion Matrix...")
    print(test_confusion)
```

步骤三：编写加载数据函数

```
def load_dataset(text, vocab, config, pad_size=32):
    contents = []
    for line in text:
        lin = line.strip()
        if not lin:
            continue
        words_line = []
        token = tokenizer(line)
        seq_len = len(token)
        if pad_size:
            if len(token) < pad_size:
                token.extend([PAD] * (pad_size - len(token)))
            else:
                token = token[:pad_size]
                seq_len = pad_size
        # 单词到编号的转换
        for word in token:
            words_line.append(vocab.get(word, vocab.get(UNK)))
        contents.append((words_line, int(0), seq_len))
    return contents  # 数据格式为[([...], 0), ([...], 1), ...]
```

步骤四：编写标签匹配函数

```
def match_label(pred, config):
    label_list = config.class_list
    return label_list[pred]
```

步骤五：编写预测函数

```
def final_predict(config, model, data_iter):
    map_location = lambda storage, loc: storage
    model.load_state_dict(torch.load(
        config.save_path, map_location=map_location))
```

```
model.eval()
predict_all = np.array([])
with torch.no_grad():
    for texts, _ in data_iter:
        outputs = model(texts)
        pred = torch.max(outputs.data, 1)[1].cpu().numpy()
        pred_label = [match_label(i, config) for i in pred]
        predict_all = np.append(predict_all, pred_label)
    return predict_all
```

（6）run.py 代码编写。

步骤一：导入必要的库及参数配置

```
from FastText import Config
from FastText import Model
from load_data import build_dataset
from load_data_iter import build_iterator
from train import train
from predict import test,load_dataset,final_predict
```

步骤二：编写测试文本

text = ['国考网上报名序号查询后务必牢记。报名参加 2011 年国家公务员考试的考生：如果您已通过资格审查，那么请于 10 月 28 日 8：00 后，登录考录专题网站查询自己的报名序号。']

步骤三：编写运行函数

```
if __name__    "__main__":
    config = Config()
    print("Loading data...")
    vocab, train_data, dev_data, test_data = build_dataset(config, False)
    # 1. 批量加载测试数据
    train_iter = build_iterator(train_data, config, False)
    dev_iter = build_iterator(dev_data, config, False)
    test_iter = build_iterator(test_data,config, False)
    config.n_vocab = len(vocab)
    # 2. 加载模型结构
    model = Model(config).to(config.device)

    train(config, model, train_iter, dev_iter)
    # 3. 测试
    test(config, model, test_iter)
```

```
print("++++++++++++++++++")

# 4．预测

content = load_dataset(text, vocab, config)
predict_iter = build_iterator(content, config, predict=True)

result = final_predict(config, model, predict_iter)
for i, j in enumerate(result):
    print('text:{}'.format(text[i]), '\t', 'label:{}'.format(j))
```

　　运行代码训练模型，等待模型训练完成我们可以看到运行的分类报告结果（见图 7.3）及混淆矩阵结果（见图 7.4）。

	precision	recall	f1-score	support
财经	0.8780	0.8640	0.8710	1000
房产	0.9090	0.9190	0.9140	1000
股票	0.8185	0.8160	0.8172	1000
教育	0.9268	0.9500	0.9383	1000
科技	0.8125	0.8450	0.8284	1000
社会	0.8974	0.8920	0.8947	1000
时政	0.8596	0.8510	0.8553	1000
体育	0.9441	0.9450	0.9445	1000
游戏	0.9234	0.8800	0.9012	1000
娱乐	0.8975	0.9020	0.8998	1000
accuracy			0.8864	10000
macro avg	0.8867	0.8864	0.8864	10000
weighted avg	0.8867	0.8864	0.8864	10000

图 7.3　分类报告结果

```
Confusion Matrix...
[[864  17  72   7  11   6  11   7   4   1]
 [ 16 919  21   2   6  13   9   3   2   9]
 [ 65  25 816   1  42   2  39   2   5   3]
 [  1   3   2 950   9   9   9   4   1  12]
 [ 11  11  40  10 845  13  20   6  29  15]
 [  5  17   1  17  19 892  29   2   5  13]
 [ 13   8  27  20  27  32 851   7   3  12]
 [  3   1   4   5   2   6   7 945   2  25]
 [  2   4  11   6  62   5   7  10 880  13]
 [  4   6   3   7  17  16   8  15  22 902]]
++++++++++++++++++
```

图 7.4　混淆矩阵结果

4．实验小结

　　本次实验使用 FastText 模型对自然语言（中文文本）进行处理操作。

　　对于该项目处理可以总结以下经验和不足：

　　（1）FastText 模型在运行速度上相对深度学习算法快很多；

　　（2）FastText 模型的精确度相比深度学习算法略低，但是损耗并不大，是一个很好的模型算法。

本章总结

- FastText 模型比深度学习算法运行速度快，且准确度也接近深度学习算法。

作业与练习

1．[单选题] 以下不属于深度学习算法的是（　　）。

　A．FastText　　　　　　　　　　　B．TextCNN

　C．TextRNN　　　　　　　　　　　D．TextRCNN

2．[多选题] FastText 模型的两个重要优化是（　　）。

　A．修改模型层数　　　　　　　　　B．Hierarchical softmax

　C．N-gram　　　　　　　　　　　　D．反向传播

3．[单选题] 运行同样的数据，运行速度最快的是（　　）。

　A．FastText　　　　　　　　　　　B．TextCNN

　C．TextRNN　　　　　　　　　　　D．TextRCNN

4．[单选题] FastText 模型是（　　）的衍生产品。

　A．Word2vec　　　　　　　　　　　B．TextRNN

　C．TextCNN　　　　　　　　　　　D．TextRCNN

5．[多选题] FastText 模型共有三层，分别是（　　）。

　A．输入层　　　　　　　　　　　　B．词嵌入层

　C．隐含层　　　　　　　　　　　　D．输出层

NLP-07-c-001

第 8 章

基于深度学习的文本分类

本章目标

- 掌握 TextCNN 文本分类的原理及操作。
- 掌握 TextRNN 文本分类的原理及操作。
- 掌握 TextRCNN 文本分类的原理及操作。

现如今，人们对深度学习的广泛研究极大地促进了人工智能的发展，深度学习在计算机视觉和自然语言处理等多个领域都有丰富的研究成果，使得多项技术任务有了突破性进展。由于深度学习算法的准确度和灵活性更高，在自然语言处理领域中，使用深度学习算法对文本进行处理，能够获得更好的预测效果。本章将重点介绍深度学习算法在文本分类中的应用。

本章包含的实验案例如下。

- 中文文本分类：在本章中继续使用 THUCNews 新闻数据集进行中文文本分类，通过构建更复杂的深度学习模型可以提高分类的准确率，即分别基于 TextCNN、TextRNN 和 TextRCNN 三种算法实现中文文本分类。

8.1 基于 TextCNN 的文本分类

8.1.1 卷积神经网络

卷积神经网络最初是使用在图像算法中的，可以很好地获取图像中的数据信息，图片及其卷积后效果如图 8.1 所示，图片左侧是一张真实图片，右侧是该图片卷积后的效果，可以看出，经过卷积后的图片保存下的是图中物品的轮廓效果，可以更好地对图片中的信息进行表达。

图 8.1　图片及其卷积后效果

卷积其实是一个数学概念，它描述一个函数和另一个函数在某个维度上的加权"叠加"作用。一般情况下，我们并不需要记录任意时刻的数据，而是以一定的时间间隔（也即频率）进行采样即可。对于离散信号，卷积操作可用式（8.1）进行表示。

$$s(t) = f(t) \times g(t) = \sum_{a=-\infty}^{\infty} f(a)g(t-a) \tag{8.1}$$

通常情况下，卷积神经网络由若干个卷积层、激活层、池化层及全连接层组成（见图 8.2）。

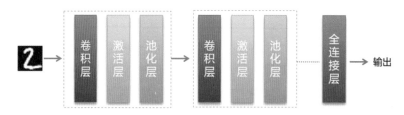

图 8.2　卷积网络结构

（1）卷积层是卷积神经网络的核心所在，通过卷积运算可以达到降维处理和提取特征两个重要目的。

（2）激活层的作用是将前一层的线性输出，通过非线性的激活函数进行处理，以模拟任意函数，从而增强网络的表征能力。激活层常用的函数包括 Sigmoid 和 ReLU（修正线性单元）等。

（3）池化层也叫子采样层或下采样层，作用是降低计算量，提高泛化能力。池化层原理效果如图 8.3 所示，就是将 4×4 的矩阵缩小成 2×2 的矩阵输出。

（4）全连接层相当于多层感知机，其在整个卷积神经网络中起到分类器的作用。

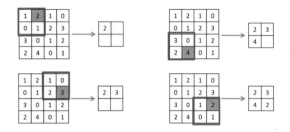

图 8.3　池化层原理效果

8.1.2　TextCNN 的原理

NLP-08-v-001

　　Yoon Kim 在 2014 年将卷积神经网络 CNN 应用到文本分类任务当中，利用多个不同大小的卷积核来提取句子中的关键信息，从而能够更好地捕捉局部相关性，TextCNN 原理图如图 8.4 所示。

　　TextCNN 主要由以下四部分构成。

（1）Embedding：词嵌入层，单词的向量表示。

（2）Convolution：卷积层，提取单词的特征。

（3）Max Pooling：池化层，不同长度的句子经过池化层之后都能变成定长的表示。

（4）Full Connected Layer：全连接层，输出每个类别的概率。

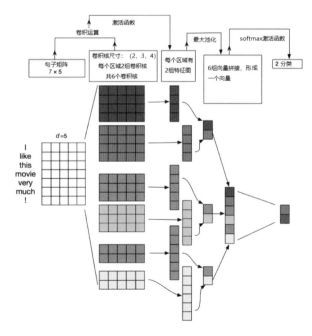

图 8.4　TextCNN 原理图

8.2   基于 TextRNN 的文本分类

TextRNN 指的是利用循环神经网络（Recurrent Neural Network, RNN）处理文本分类问题。这里的文本可以是一个句子、文档(短文本，若干句子)或篇章(长文本)，因此每段文本的长度都不尽相同。在对文本进行分类时，我们一般会指定一个固定的输入序列/文本长度：该长度可以是最长文本/序列的长度，此时其他所有文本/序列都要进行填充以达到该长度；该长度也可以是训练集中所有文本/序列长度的均值，此时对于过长的文本/序列需要进行截断，过短的文本则进行填充。

在 TextRNN 中，通常使用 RNN 模型的变种，即长短期记忆（Long Short-Term Memory，LSTM）神经网络。图 8.5 所示为 TextRNN 的网络结构图。

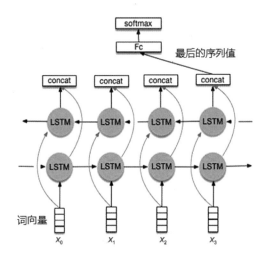

图 8.5   TextRNN 的网络结构图

从图 8.5 中可以看出，TextRNN 的网络结构包括输入层、词向量层、LSTM 层、全连接层（Fc）和输出层（softmax），其中 LSTM 层是网络结构的核心，下面介绍 LSTM 模型的原理和网络结构。

8.2.1   LSTM 原理

LSTM 是一种特殊的 RNN 类型，可以学习长期依赖信息。在解决很多问题的过程中应用 LSTM 都取得了巨大成功，因此其得到了广泛应用，LSTM 网络结构如图 8.6 所示。

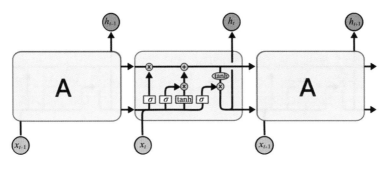

图 8.6　LSTM 网络结构

8.2.2　LSTM 网络结构

NLP-08-v-003

　　LSTM 能够有效捕捉长序列之间的语义关联，缓解梯度消失或爆炸现象。同时 LSTM 的结构更复杂，它的核心结构可以分为四个部分去解析，图 8.7～图 8.10 中 C_{t-1} 和 C_t 可理解为 LSTM 单元中的细胞状态。

　　（1）遗忘门（见图 8.7）：LSTM 的第一步要决定从细胞状态中舍弃哪些信息。LSTM 的遗忘门通过 sigmoid 函数决定哪些信息会被遗忘，它接受 h_{t-1} 和 x_t，并且对细胞状态 C_{t-1} 的每一个输出值都介于 0 和 1 之间，从而决定遗忘或保留。1 表示"完全接受"，0 表示"完全忽略"。图 8.7 公式中的 W_f 和 b_f 为待求解的遗忘门权重参数。

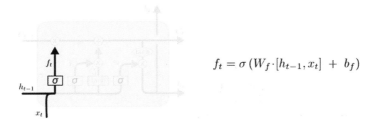

$$f_t = \sigma\left(W_f \cdot [h_{t-1}, x_t] + b_f\right)$$

图 8.7　遗忘门

　　（2）输入门（见图 8.8）：LSTM 的输入门决定了哪些新的信息会被保留，这个过程有两步。

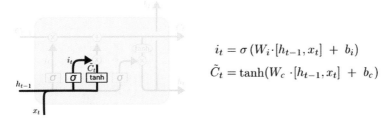

$$i_t = \sigma\left(W_i \cdot [h_{t-1}, x_t] + b_i\right)$$
$$\tilde{C}_t = \tanh(W_c \cdot [h_{t-1}, x_t] + b_c)$$

图 8.8　输入门

① 输入信息经过 sigmoid 层决定哪些信息会被更新。图 8.8 公式中的 W_i 和 b_i 为输入门 i_t 待求解的权重参数。

② tanh 会创建一个新的候选向量 $\tilde{C}_t$，后续会被添加到细胞状态中，在下一步中将遗忘门和输入门的两部分结合起来，产生对状态的更新。图 8.8 公式中的 W_c 和 b_c 为候选向量 $\tilde{C}_t$ 待求解的权重参数。

（3）细胞状态更新（见图 8.9）：

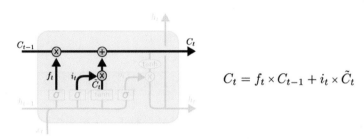

$$C_t = f_t \times C_{t-1} + i_t \times \tilde{C}_t$$

图 8.9　细胞状态更新

① 现在更新旧的细胞状态 C_{t-1}，更新到 C_t。

② 旧的细胞状态和遗忘门结果相乘。

③ 然后加上输入门和 tanh 相乘的结果。

输出门（见图 8.10）：LSTM 的输出决定哪些信息会被输出，同样这个输出经过变换之后通过 sigmoid 函数的结果来决定那些细胞状态会被输出。图 8.10 公式中 W_o 和 b_o 为待求解的权重参数。

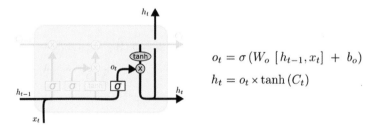

$$o_t = \sigma\left(W_o\left[h_{t-1}, x_t\right] + b_o\right)$$
$$h_t = o_t \times \tanh\left(C_t\right)$$

图 8.10　输出门

8.3　基于 TextRCNN 的文本分类

8.3.1　TextRCNN 原理

TextRCNN 是一种结合了 RNN 和 CNN 的模型。在 TextRCNN 用于文本分类时，需要考虑每个词的向量表示和该词上下文的向量表示，三者共同构成该词最终的嵌入表示，作为 CNN 卷积层的输入。

CNN 使用固定词窗口(捕获上下文信息)，实验结果受窗口大小的影响。

TextRCNN 使用循环结构捕获单词的上下文信息，可以获得更长的词向量表示，效果比 CNN 更好。

8.3.2　TextRCNN 网络结构

NLP-08-v-004

TextRCNN 网络结构由输入层(循环结构)、词嵌入层、最大池化层和输出层构成，如图 8.11 所示。

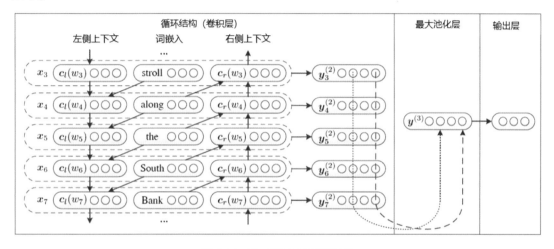

图 8.11　TextRCNN 网络结构

TextRCNN 构建原理如下所述。

- 利用 Bi-LSTM 获得上下文的信息，类似于语言模型。
- Bi-LSTM 获得的隐层输出和词向量拼接。
- 将拼接后的向量非线性映射到低维。
- 向量中每一个位置的值都取所有时序上的最大值，得到最终的特征向量，该过程类似于最大池化。
- 利用 softmax 完成分类。

8.4 案例实现——基于深度学习的文本分类

1. 实验目标

（1）掌握 TextCNN 网络模型的构建方法。

（2）掌握 TextRNN 网络模型的构建方法。

（3）掌握 TextRCNN 网络模型的构建方法。

2. 实验环境

实验环境如表 8.1 所示。

表 8.1 实验环境

硬　件	软　件	资　源
PC/笔记本电脑	Windows 10/Ubuntu 18.04 Python 3.7.3 numpy 1.18.5 sklearn 0.0 tensorboardX 2.4.1 torch 1.8.0 tqdm 4.61.2	THUCNews 文件夹下数据

3. 实验步骤

该实验项目目录如图 8.12 所示。

图 8.12　实验项目目录

各部分代码如下。

（1）utils.py 代码编写。

步骤一：导入必要的库及参数配置

```
# coding: UTF-8
import os
import torch
import numpy as np
import pickle as pkl
from tqdm import tqdm
import time
from datetime import timedelta



MAX_VOCAB_SIZE = 10000        # 词表长度限制
UNK, PAD = '<UNK>', '<PAD>'   # 未知字, padding 符号
```

步骤二：建立字典词汇表

```
def build_vocab(file_path, tokenizer, max_size, min_freq):
    vocab_dic = {}
    with open(file_path, 'r', encoding='UTF-8') as f:
        for line in tqdm(f):
            lin = line.strip()
            if not lin:
                continue
            content = lin.split('\t')[0]
            for word in tokenizer(content):
                vocab_dic[word] = vocab_dic.get(word, 0) + 1
        vocab_list = sorted([_ for _ in vocab_dic.items() if _[1] >=
min_freq], key=lambda x: x[1], reverse=True)[:max_size]
        vocab_dic = {word_count[0]: idx for idx, word_count in
enumerate(vocab_list)}
        vocab_dic.update({UNK: len(vocab_dic), PAD: len(vocab_dic) + 1})
    return vocab_dic
```

步骤三：创建加载数据集函数

```
def build_dataset(config, ues_word):
    if ues_word:
        tokenizer = lambda x: x.split(' ')        # 以空格隔开, word-level
    else:
        tokenizer = lambda x: [y for y in x]    # char-level
    if os.path.exists(config.vocab_path):
```

```
        vocab = pkl.load(open(config.vocab_path, 'rb'))
    else:
        vocab = build_vocab(config.train_path, tokenizer=tokenizer,
max_size=MAX_VOCAB_SIZE, min_freq=1)
        pkl.dump(vocab, open(config.vocab_path, 'wb'))
    print(f"Vocab size: {len(vocab)}")

    def load_dataset(path, pad_size=32):
        contents = []
        with open(path, 'r', encoding='UTF-8') as f:
            for line in tqdm(f):
                lin = line.strip()
                if not lin:
                    continue
                content, label = lin.split('\t')
                words_line = []
                token = tokenizer(content)
                seq_len = len(token)
                if pad_size:
                    if len(token) < pad_size:
                        token.extend([PAD] * (pad_size - len(token)))
                    else:
                        token = token[:pad_size]
                        seq_len = pad_size
                # 单词到编号的转换
                for word in token:
                    words_line.append(vocab.get(word, vocab.get(UNK)))
                contents.append((words_line, int(label), seq_len))
        return contents            # 数据格式为[([...], 0), ([...], 1), ...]
    train = load_dataset(config.train_path, config.pad_size)
    dev = load_dataset(config.dev_path, config.pad_size)
    test = load_dataset(config.test_path, config.pad_size)
    return vocab, train, dev, test,      # predict
```

步骤四：创建数据集迭代类

```
class DatasetIterater(object):
    def __init__(self, batches, batch_size, device):
        self.batch_size = batch_size
        self.batches = batches
```

```
        self.n_batches = len(batches) // batch_size
        self.residue = False              # 记录 batch 数量是否为整数
        if len(batches) % self.n_batches != 0:
            self.residue = True
        self.index = 0
        self.device = device

    def _to_tensor(self, datas):
        x = torch.LongTensor([_[0] for _ in datas]).to(self.device)
        y = torch.LongTensor([_[1] for _ in datas]).to(self.device)

        # pad 前的长度(超过 pad_size 的设为 pad_size)
        seq_len = torch.LongTensor([_[2] for _ in datas]).to(self.device)
        return (x, seq_len), y

    def __next__(self):
        if self.residue and self.index   self.n_batches:
            batches = self.batches[self.index * self.batch_size:
len(self.batches)]
            self.index += 1
            batches = self._to_tensor(batches)
            return batches

        elif self.index >= self.n_batches:
            self.index = 0
            raise StopIteration
        else:
            batches = self.batches[self.index * self.batch_size:
(self.index + 1) * self.batch_size]
            self.index += 1
            batches = self._to_tensor(batches)
            return batches

    def __iter__(self):
        return self

    def __len__(self):
        if self.residue:
            return self.n_batches + 1
        else:
```

```
                return self.n_batches
```

步骤五：编写数据迭代函数

```
def build_iterator(dataset, config, predict):
    if predict True:
        config.batch_size = 1
    iter = DatasetIterater(dataset, config.batch_size, config.device)
    return iter
```

步骤六：编写时间计算函数

```
def get_time_dif(start_time):
    """获取已使用时间"""
    end_time = time.time()
    time_dif = end_time - start_time
    return timedelta(seconds=int(round(time_dif)))
```

步骤七：编写运行代码

```
if __name__  "__main__":
    '''提取预训练词向量'''
    # 下面的目录、文件名按需更改
    train_dir = "./THUCNews/data/train.txt"
    vocab_dir = "./THUCNews/data/vocab.pkl"
    pretrain_dir = "./THUCNews/data/sgns.sogou.char"
    emb_dim = 300
    filename_trimmed_dir = "./THUCNews/data/embedding_SougouNews"
    if os.path.exists(vocab_dir):
        word_to_id = pkl.load(open(vocab_dir, 'rb'))
    else:
        tokenizer = lambda x: [y for y in x]  # 以字为单位构建词表
        word_to_id = build_vocab(train_dir, tokenizer=tokenizer,
max_size=MAX_VOCAB_SIZE, min_freq=1)
        pkl.dump(word_to_id, open(vocab_dir, 'wb'))

    embeddings = np.random.rand(len(word_to_id), emb_dim)
    f = open(pretrain_dir, "r", encoding='UTF-8')
    for i, line in enumerate(f.readlines()):
        # if i  0:  # 若第一行是标题，则跳过
        #     continue
        lin = line.strip().split(" ")
```

```
        if lin[0] in word_to_id:
            idx = word_to_id[lin[0]]
            emb = [float(x) for x in lin[1:301]]
            embeddings[idx] = np.asarray(emb, dtype='float32')
    f.close()
    np.savez_compressed(filename_trimmed_dir, embeddings=embeddings)
```

（2）train.py 代码编写。

步骤一：导入必要的库及参数配置

```
# coding: UTF-8
import numpy as np
import torch
import torch.nn as nn
import torch.nn.functional as F
import torch.autograd as autograd
from sklearn import metrics
import time
from utils import get_time_dif

from tensorboardX import SummaryWriter
```

步骤二：权重初始化处理

```
# 权重初始化，默认 xavier
def init_network(model, method='xavier', exclude='embedding', seed=123):
    for name, w in model.named_parameters():
        if exclude not in name:
            if 'weight' in name:
                if method  'xavier':
                    nn.init.xavier_normal_(w)
                elif method  'kaiming':
                    nn.init.kaiming_normal_(w)
                else:
                    nn.init.normal_(w)
            elif 'bias' in name:
                nn.init.constant_(w, 0)
            else:
                pass
```

步骤三：编写训练函数

```python
def train(config, model, train_iter, dev_iter, test_iter):
    start_time = time.time()
    model.train()
    optimizer = torch.optim.Adam(model.parameters(),
lr=config.learning_rate)

    total_batch = 0                    # 记录进行到多少batch
    dev_best_loss = float('inf')
    last_improve = 0                   # 记录上次验证集loss下降的batch数
    flag = False                       # 记录是否很久没有效果提升
    writer = SummaryWriter(log_dir=config.log_path + '/' +
time.strftime('%m-%d_%H.%M', time.localtime()))
    for epoch in range(config.num_epochs):
        print('Epoch [{}/{}]'.format(epoch + 1, config.num_epochs))
        # scheduler.step()             # 学习率衰减
        for i, (trains, labels) in enumerate(train_iter):
            outputs = model(trains)
            model.zero_grad()
            loss = F.cross_entropy(outputs, labels)
            loss.backward()
            optimizer.step()
            if total_batch % 100  0:
                # 每多少轮输出在训练集和验证集上的效果
                true = labels.data.cpu()
                predic = torch.max(outputs.data, 1)[1].cpu()
                train_acc = metrics.accuracy_score(true, predic)
                dev_acc, dev_loss = evaluate(config, model, dev_iter)
                if dev_loss < dev_best_loss:
                    dev_best_loss = dev_loss
                    torch.save(model.state_dict(), config.save_path)
                    improve = '*'
                    last_improve = total_batch
                else:
                    improve = ''
                time_dif = get_time_dif(start_time)
```

```
                    msg = 'Iter: {0:>6},  Train Loss: {1:>5.2},  Train Acc:
{2:>6.2%},  Val Loss: {3:>5.2},  Val Acc: {4:>6.2%},  Time: {5} {6}'
                    print(msg.format(total_batch, loss.item(), train_acc,
dev_loss, dev_acc, time_dif, improve))
                    writer.add_scalar("loss/train", loss.item(), total_batch)
                    writer.add_scalar("loss/dev", dev_loss, total_batch)
                    writer.add_scalar("acc/train", train_acc, total_batch)
                    writer.add_scalar("acc/dev", dev_acc, total_batch)
                    model.train()
                total_batch += 1
                if total_batch - last_improve > config.require_improvement:
                    # 验证集 loss 超过 1 000batch 没下降，结束训练
                    print("No optimization for a long time, auto-stopping...")
                    flag = True
                    break
            if flag:
                break
        writer.close()
        test(config, model, test_iter)
```

步骤四：编写测试函数

```
    def test(config, model, test_iter):
        # 测试函数
        model.load_state_dict(torch.load(config.save_path))
        model.eval()
        start_time = time.time()
        test_acc, test_loss, test_report, test_confusion = evaluate(config,
model, test_iter, test=True)
        msg = 'Test Loss: {0:>5.2},  Test Acc: {1:>6.2%}'
        print(msg.format(test_loss, test_acc))
        print("Precision, Recall and F1-Score...")
        print(test_report)
        print("Confusion Matrix...")
        print(test_confusion)
        time_dif = get_time_dif(start_time)
        print("Time usage:", time_dif)
```

步骤五：编写验证函数

```python
def evaluate(config, model, data_iter, test=False):
    model.eval()
    loss_total = 0
    predict_all = np.array([], dtype=int)
    labels_all = np.array([], dtype=int)
    with torch.no_grad():
        for texts, labels in data_iter:
            outputs = model(texts)
            loss = F.cross_entropy(outputs, labels)
            loss_total += loss
            labels = labels.data.cpu().numpy()
            predic = torch.max(outputs.data, 1)[1].cpu().numpy()
            labels_all = np.append(labels_all, labels)
            predict_all = np.append(predict_all, predic)

    acc = metrics.accuracy_score(labels_all, predict_all)
    if test:
        report = metrics.classification_report(labels_all, predict_all,
target_names=config.class_list, digits=4)
        confusion = metrics.confusion_matrix(labels_all, predict_all)
        return acc, loss_total / len(data_iter), report, confusion
    return acc, loss_total / len(data_iter)
```

（3）predict.py 代码编写

步骤一：导入必要的库及参数配置

```python
import torch
import numpy as np
import pickle as pkl
import torch.nn as nn
import torch.nn.functional as F
from importlib import import_module
from utils import build_iterator

import argparse

parser = argparse.ArgumentParser(description='Chinese Text
Classification')
```

```
    parser.add_argument('--model', type=str, required=True, help='choose a
model: TextCNN, TextRNN, TextRCNN')
    parser.add_argument('--embedding', default='pre_trained', type=str,
help='random or pre_trained')
    parser.add_argument('--word', default=False, type=bool, help='True for
word, False for char')
    args = parser.parse_args()


    MAX_VOCAB_SIZE = 10000                      # 词表长度限制
    tokenizer = lambda x: [y for y in x]        # char-level
    UNK, PAD = '<UNK>', '<PAD>'                 # 未知字, padding 符号
```

步骤二：加载数据集函数编写

```
def load_dataset(content, vocab, pad_size=32):
    contents = []
    for line in content:
        lin = line.strip()
        if not lin:
            continue
        # content, label = lin.split('\t')
        words_line = []
        token = tokenizer(line)
        seq_len = len(token)
        if pad_size:
            if len(token) < pad_size:
                token.extend([PAD] * (pad_size - len(token)))
            else:
                token = token[:pad_size]
                seq_len = pad_size
        # 单词到编号的转换
        for word in token:
            words_line.append(vocab.get(word, vocab.get(UNK)))
        contents.append((words_line, int(0), seq_len))
    return contents
```

步骤三：标签匹配函数编写

```
def match_label(pred, config):
    label_list = config.class_list
    return label_list[pred]
```

步骤四：预测函数编写

```python
def final_predict(config, model, data_iter):
    map_location = lambda storage, loc: storage
    model.load_state_dict(torch.load(config.save_path,
map_location=map_location))
    model.eval()
    predict_all = np.array([])
    with torch.no_grad():
        for texts, _ in data_iter:
            outputs = model(texts)
            pred = torch.max(outputs.data, 1)[1].cpu().numpy()
            pred_label = [match_label(i, config) for i in pred]
            predict_all = np.append(predict_all, pred_label)
    return predict_all
```

步骤五：主函数编写

```python
def main(text):
    dataset = 'THUCNews'                        # 数据集

    # 搜狗新闻:embedding_SougouNews.npz, 腾讯:embedding_Tencent.npz, 随机初
始化:random
    embedding = 'embedding_SougouNews.npz'
    if args.embedding  'random':
        embedding = 'random'
    model_name = args.model

    x = import_module('models.' + model_name)
    config = x.Config(dataset, embedding)

    vocab = pkl.load(open(config.vocab_path, 'rb'))

    content = load_dataset(text, vocab, 64)
    predict = True

    predict_iter = build_iterator(content, config, predict)
    config.n_vocab = len(vocab)
    model = x.Model(config).to(config.device)

    result = final_predict(config, model, predict_iter)
```

```
for i, j in enumerate(result):
    print('text:{}'.format(text[i]),'\t','label:{}'.format(j))
```

步骤六：运行代码部分编写

```
if __name__ == '__main__':
test = ['国考网上报名序号查询后务必牢记。报名参加 2011 年国家公务员考试的考生！如果您
已通过资格审查，那么请于 10 月 28 日 8：00 后，登录考录专题网站查询自己的报名序号。']
main(test)
```

（4）run.py 代码编写。

步骤一：导入必要的库及参数配置

```
import time
import torch
import numpy as np
from train_eval import train, init_network
from importlib import import_module
import argparse

parser = argparse.ArgumentParser(description='Chinese Text
Classification')
parser.add_argument('--model', type=str, required=True, help='choose a
model: TextCNN, TextRNN, TextRCNN')
parser.add_argument('--embedding', default='pre_trained', type=str,
help='random or pre_trained')
parser.add_argument('--word', default=False, type=bool, help='True for
word, False for char')
args = parser.parse_args()
```

步骤二：运行代码编写

```
if __name__ == '__main__':
    dataset = 'THUCNews'            # 数据集

    # 搜狗新闻:embedding_SougouNews.npz, 随机初始化:random
    embedding = 'embedding_SougouNews.npz'
    if args.embedding == 'random':
        embedding = 'random'
```

```
    model_name = args.model
        from utils import build_dataset, build_iterator, get_time_dif

    x = import_module('models.' + model_name)
    config = x.Config(dataset, embedding)
    np.random.seed(1)
    torch.manual_seed(1)
    torch.cuda.manual_seed_all(1)
    torch.backends.cudnn.deterministic = True   # 保证每次结果一样

    start_time = time.time()
    print("Loading data...")
    vocab, train_data, dev_data, test_data = build_dataset(config,
args.word)
    train_iter = build_iterator(train_data, config, False)
    dev_iter = build_iterator(dev_data, config, False)
    test_iter = build_iterator(test_data, config, False)
    # predict_iter = build_iterator(predict_data, config)
    time_dif = get_time_dif(start_time)
    print("Time usage:", time_dif)

    # train
    config.n_vocab = len(vocab)
    model = x.Model(config).to(config.device)
    print(model.parameters)
    train(config, model, train_iter, dev_iter, test_iter)
```

（5）TextCNN.py 代码编写。

步骤一：导入必要的库及参数配置

```
# coding: UTF-8
import torch
import torch.nn as nn
import torch.nn.functional as F
import numpy as np


class Config(object):
```

```python
"""配置参数"""
def __init__(self, dataset, embedding):
    self.model_name = 'TextCNN'
    self.train_path = dataset + '/data/train.txt'        # 训练集
    self.dev_path = dataset + '/data/dev.txt'            # 验证集
    self.test_path = dataset + '/data/test.txt'          # 测试集
    self.predict_path = dataset + '/data/predict.txt'
    self.class_list = ['财经', '房产', '股票', '教育',
                        '科技', '社会', '时政', '体育', '游戏','娱乐']
    self.vocab_path = dataset + '/data/vocab.pkl'        # 词表
    # 模型训练结果
    self.save_path = dataset + '/saved_dict/' + self.model_name +
'.ckpt'
    self.log_path = dataset + '/log/' + self.model_name
    self.embedding_pretrained = torch.tensor(
        np.load(dataset + '/data/' +
embedding)["embeddings"].astype('float32'))\
        if embedding != 'random' else None              # 预训练词向量
    self.device = torch.device('cuda' if torch.cuda.is_available()
else 'cpu')                                             # 设备

    self.dropout = 0.5                                   # 随机失活
    # 若超过 1 000batch 效果还没提升，则提前结束训练
    self.require_improvement = 1000
    self.num_classes = len(self.class_list)             # 类别数
    self.n_vocab = 0                        # 词表大小，在运行时赋值
    self.num_epochs = 20                    # epoch 数
    self.batch_size = 128                   # mini-batch 大小
    self.pad_size = 32                      # 每句话处理成的长度(短填长切)
    self.learning_rate = 1e-3               # 学习率
    # 字向量维度
    self.embed = self.embedding_pretrained.size(1)\
        if self.embedding_pretrained is not None else 300
    self.filter_sizes = (2, 3, 4)    # 卷积核尺寸
    self.num_filters = 256                  # 卷积核数量(channels 数)
```

步骤二：模型架构编写

```
class Model(nn.Module):
    def __init__(self, config):
        super(Model, self).__init__()
        if config.embedding_pretrained is not None:
            self.embedding = nn.Embedding.\
                from_pretrained(config.embedding_pretrained, freeze=False)
        else:
            self.embedding = nn.Embedding(
                config.n_vocab, config.embed, padding_idx=config.n_vocab -
1)
        self.convs = nn.ModuleList(
            [nn.Conv2d(1, config.num_filters,
                    (k, config.embed)) for k in config.filter_sizes])
        self.dropout = nn.Dropout(config.dropout)
        self.fc = nn.Linear(
            config.num_filters * len(config.filter_sizes),
config.num_classes)

    def conv_and_pool(self, x, conv):
        x = F.relu(conv(x)).squeeze(3)
        x = F.max_pool1d(x, x.size(2)).squeeze(2)
        return x

    def forward(self, x):
        out = self.embedding(x[0])
        out = out.unsqueeze(1)
        out = torch.cat([self.conv_and_pool(out, conv) for conv in
self.convs], 1)
        out = self.dropout(out)
        out = self.fc(out)
        return out
```

步骤三：训练效果查看

将终端调整到当前项目路径下，运行指令如下：

```
python run.py --model=TextCNN
```

按回车键执行指令后，开始进行模型训练，需要一定时间，TextCNN 网络训练结果如图 8.13 所示。平均准确率超过 90%，模型效果不错。

```
Test Loss:   0.3,  Test Acc: 90.92%
Precision, Recall and F1-Score...
               precision   recall  f1-score   support

        财经      0.9165    0.9000    0.9082      1000
        房产      0.9184    0.9450    0.9315      1000
        股票      0.8833    0.8400    0.8611      1000
        教育      0.9612    0.9410    0.9510      1000
        科技      0.8452    0.8790    0.8618      1000
        社会      0.8926    0.9140    0.9032      1000
        时政      0.8785    0.9040    0.8911      1000
        体育      0.9691    0.9420    0.9554      1000
        游戏      0.9157    0.9120    0.9138      1000
        娱乐      0.9168    0.9150    0.9159      1000

   accuracy                          0.9092     10000
  macro avg      0.9097    0.9092    0.9093     10000
weighted avg     0.9097    0.9092    0.9093     10000
```

图 8.13　TextCNN 网络训练结果

（6）TextRNN.py 代码编写。

步骤一：导入必要的库及参数配置

```python
import torch
import torch.nn as nn
import numpy as np
class Config(object):
    """配置参数"""
    def __init__(self, dataset, embedding):
        self.model_name = 'TextRNN'
        self.train_path = dataset + '/data/train.txt'    # 训练集
        self.dev_path = dataset + '/data/dev.txt'        # 验证集
        self.test_path = dataset + '/data/test.txt'      # 测试集
        self.class_list = ['体育', '军事', '娱乐', '政治', '教育',
                           '灾难', '社会', '科技', '财经', '违法']
        self.vocab_path = dataset + '/data/vocab.pkl'    # 词表
        # 模型训练结果
        self.save_path = dataset + '/saved_dict/' + self.model_name + '.ckpt'
        self.log_path = dataset + '/log/' + self.model_name
        self.embedding_pretrained = torch.tensor(
            np.load(dataset + '/data/' +
embedding)["embeddings"].astype('float32'))\
            if embedding != 'random' else None          # 预训练词向量
```

```
        self.device = torch.device('cuda' if torch.cuda.is_available()
else 'cpu')                                           # 设备

        self.dropout = 0.5                              # 随机失活
    # 若超过1 000batch效果还没提升，则提前结束训练
        self.require_improvement = 1000
        self.num_classes = len(self.class_list)      # 类别数
        self.n_vocab = 0                    # 词表大小，在运行时赋值
        self.num_epochs = 1                 # epoch数
        self.batch_size = 128               # mini-batch大小
        self.pad_size = 32                  # 每句话处理成的长度(短填长切)
        self.learning_rate = 1e-3        # 学习率
    # 字向量维度，若使用了预训练词向量，则维度统一
        self.embed = self.embedding_pretrained.size(1)\
            if self.embedding_pretrained is not None else 300
        self.hidden_size = 128      # lstm隐藏层
        self.num_layers = 2         # lstm层数
```

步骤二：模型架构编写

```
class Model(nn.Module):
    def __init__(self, config):
        super(Model, self).__init__()
        if config.embedding_pretrained is not None:
            self.embedding = nn.Embedding.from_pretrained(
                config.embedding_pretrained, freeze=False)
        else:
            self.embedding = nn.Embedding(
                config.n_vocab, config.embed, padding_idx=config.n_vocab -
1)
        self.lstm = nn.LSTM(config.embed, config.hidden_size,
config.num_layers,
                    bidirectional=True, batch_first=True,
dropout=config.dropout)
        self.fc = nn.Linear(config.hidden_size * 2, config.num_classes)

    def forward(self, x):
        x, _ = x
        out = self.embedding(x) # [batch_size, seq_len, embeding]=[128,
32, 300]
        out, _ = self.lstm(out)
```

```
out = self.fc(out[:, -1, :])      # 句子最后时刻的 hidden state
return out
```

步骤三：训练效果查看

将终端调整到当前项目路径下，运行指令如下：

```
python run.py --model=TextRNN
```

按回车键执行指令后，开始进行模型训练，需要一定时间，TextRNN 网络训练结果如图 8.14 所示。平均准确率为 87.69%，模型效果低于 TextCNN 模型。

```
Test Loss:  0.39,  Test Acc: 87.61%
Precision, Recall and F1-Score...
              precision    recall  f1-score   support

        体育     0.8827    0.8500    0.8660      1000
        军事     0.8938    0.9090    0.9013      1000
        娱乐     0.8445    0.7440    0.7911      1000
        政治     0.8753    0.9550    0.9134      1000
        教育     0.8493    0.7720    0.8088      1000
        灾难     0.8854    0.8960    0.8907      1000
        社会     0.8033    0.8660    0.8335      1000
        科技     0.9915    0.9280    0.9587      1000
        财经     0.8621    0.9250    0.8924      1000
        违法     0.8808    0.9160    0.8980      1000

    accuracy                         0.8761     10000
   macro avg     0.8769    0.8761    0.8754     10000
weighted avg     0.8769    0.8761    0.8754     10000
```

图 8.14　TextRNN 网络训练结果

（7）TextRCNN.py 代码编写。

步骤一：导入必要的库及参数配置

```
import torch
import torch.nn as nn
import torch.nn.functional as F
import numpy as np


class Config(object):
    """配置参数"""
    def __init__(self, dataset, embedding):
        self.model_name = 'TextRCNN'
        self.train_path = dataset + '/data/train.txt'      # 训练集
        self.dev_path = dataset + '/data/dev.txt'          # 验证集
        self.test_path = dataset + '/data/test.txt'        # 测试集
```

```
        self.class_list = [x.strip() for x in open(
            dataset + '/data/class.txt', encoding='utf-8').readlines()]  # 类
别名单
        self.vocab_path = dataset + '/data/vocab.pkl'    # 词表
        # 模型训练结果
        self.save_path = dataset + '/saved_dict/' + self.model_name + '.ckpt'
        self.log_path = dataset + '/log/' + self.model_name
        self.embedding_pretrained = torch.tensor(
            np.load(dataset + '/data/' +
embedding)["embeddings"].astype('float32'))\
            if embedding != 'random' else None          # 预训练词向量
        self.device = torch.device('cuda' if torch.cuda.is_available()
else 'cpu')                                              # 设备
        self.dropout = 1.0                               # 随机失活
        # 若超过 1 000batch 效果还没提升, 则提前结束训练
        self.require_improvement = 1000
        self.num_classes = len(self.class_list)          # 类别数
        self.n_vocab = 0              # 词表大小, 在运行时赋值
        self.num_epochs = 10           # epoch 数
        self.batch_size = 128          # mini-batch 大小
        self.pad_size = 32             # 每句话处理成的长度(短填长切)
        self.learning_rate = 1e-3       # 学习率
        # 字向量维度, 若使用了预训练词向量, 则维度统一
        self.embed = self.embedding_pretrained.size(1)\
            if self.embedding_pretrained is not None else 300
        self.hidden_size = 256         # lstm 隐藏层
        self.num_layers = 1            # lstm 层数
```

步骤二: 模型架构编写

```
class Model(nn.Module):
    def __init__(self, config):
        super(Model, self).__init__()
        if config.embedding_pretrained is not None:
            self.embedding = nn.Embedding.from_pretrained(
                config.embedding_pretrained, freeze=False)
        else:
            self.embedding = nn.Embedding(
                config.n_vocab, config.embed, padding_idx=config.n_vocab - 1)
        self.lstm = nn.LSTM(config.embed, config.hidden_size,
config.num_layers,
```

```
                bidirectional=True, batch_first=True, dropout=config.
dropout)
        self.maxpool = nn.MaxPool1d(config.pad_size)
        self.fc = nn.Linear(config.hidden_size * 2 + config.embed,
config.num_classes)

    def forward(self, x):
        x, _ = x
        embed = self.embedding(x)  # [batch_size, seq_len, embeding]=[64,
32, 64]
        out, _ = self.lstm(embed)
        out = torch.cat((embed, out), 2)
        out = F.relu(out)
        out = out.permute(0, 2, 1)
        out = self.maxpool(out).squeeze()
        out = self.fc(out)
        return out
```

步骤三：训练效果查看

将终端调整到当前项目路径下，运行指令如下：

```
python run.py --model=TextRCNN
```

按回车键执行指令后，开始进行模型训练，需要一定时间，TextRCNN 网络训练结果如图 8.15 所示。平均准确率超过 90%，和 TextCNN 模型效果相近。

```
Test Loss:  0.27,  Test Acc: 90.73%
Precision, Recall and F1-Score...
               precision    recall  f1-score   support

      finance     0.9001    0.8830    0.8915      1000
        realty     0.9568    0.8860    0.9200      1000
        stocks     0.8445    0.8420    0.8433      1000
     education     0.9506    0.9430    0.9468      1000
       science     0.8020    0.9030    0.8495      1000
       society     0.8978    0.9140    0.9058      1000
      politics     0.8764    0.8790    0.8777      1000
        sports     0.9683    0.9760    0.9721      1000
          game     0.9648    0.9040    0.9334      1000
 entertainment     0.9318    0.9430    0.9374      1000

      accuracy                         0.9073     10000
     macro avg     0.9093    0.9073    0.9077     10000
  weighted avg     0.9093    0.9073    0.9077     10000
```

图 8.15　TextRCNN 网络训练结果

4. 实验小结

本次实验使用深度学习算法对自然语言中文文本进行处理操作。

对于该项目处理可以总结以下经验和不足：

（1）TextCNN、TextRNN、TextRCNN 之间区别不大，它们分别会在特定的场景中发挥更好的效果。

（2）使用 TextCNN 和 TextRCNN 会有部分分类的精确率较低，TextRNN 整体效果较好。

本章总结

- TextCNN 是使用一维卷积运算对数据进行处理操作。
- TextRNN 是使用循环神经网络对数据进行处理操作。
- TextRCNN 结合了 CNN 算法和 RNN 算法来对数据进行处理操作。

作业与练习

1．[单选题] TextCNN 使用（　　　）维卷积进行处理操作。

　　A．一　　　　　　　B．三　　　　　　　C．多　　　　　　　D．都有

2．[多选题] TextRCNN 使用的算法技术有（　　　）。

　　A．CNN　　　　　　B．RNN　　　　　　C．对抗网络　　　　D．贝叶斯算法

3．[单选题] 在 LSTM 中，负责判断之前状态是否保留的门是（　　　）。

　　A．输入门　　　　　B．输出门　　　　　C．更新门　　　　　D．遗忘门

4．[单选题] LSTM 中门使用的激活函数是（　　　）。

　　A．relu　　　　　　B．sigmoid　　　　　C．tanh　　　　　　D．softmax

5．[多选题] TextRCNN 的网络结构包含（　　　）。

　　A．输入层　　　　　B．词嵌入层　　　　C．卷积层　　　　　D．输出层

NLP-08-c-001

第 3 部分　序列标注

　　序列标注（Sequence Tagging）是 NLP 中最基础的任务，应用十分广泛，如分词、词性标注（POS Tagging）、命名实体识别（Named Entity Recognition，NER）、关键词抽取、语义角色标注（Semantic Role Labeling）等实质上都属于序列标注的范畴。本部分内容将利用机器学习和深度学习的算法实现词性标注和命名实体识别任务，包括第 9～11 章，具体内容如下。

　　（1）第 9 章首先介绍词型标注的基本概念和词性标注体系；其次介绍隐马尔科夫模型（Hidden Markov Model，HMM）词性标注的原理和基本问题，并给出了 HMM 算法实现中文词性标注的具体步骤；最后介绍 HMM 的中文词性标注的综合案例。

　　（2）第 10 章首先介绍命名实体识别（Named Entity Recognition，NER）的基本概念和标注方法；其次详细介绍 HMM 的基本原理，以及 HMM 如何应用于命名实体识别任务；最后介绍使用 HMM 实现中文命名实体识别的综合案例。

　　（3）第 11 章首先介绍 CRF 的基本概念和作用；其次介绍 BiLSTM-CRF 模型的基本原理和优点；最后介绍 BiLISTM-CRF 的中文命名实体识别任务。

第 9 章

HMM 的词性标注

本章目标

- 了解词性标注的基本概念和用途。
- 了解中文词性的分类及作用。
- 理解中文词性的标注体系。
- 掌握 HMM 求解词性标注问题的步骤。
- 掌握 HMM 实现词性标注的方法。

词性标注是自然语言处理中的基础性任务，目标是对句子中的每个单词都标注一个合适的词性。词性标注在信息检索、语义理解等领域发挥着重要作用。和中文分词一样，中文词性标注也面临着很多棘手的问题，其主要难点可以归纳为以下三个方面。

（1）中文缺少词的时态。比如在英语中，可以根据时态确定词的类别，而中文不能从词的时态来识别词性。

（2）词性划分标注不统一。词类划分标准和标记符号不统一，以及分词规范模糊，都给词性标注带来了很大的困难。

（3）一词多词性的问题很常见。比如"安慰"既可以是名词，也可以是动词。

本章将介绍词性标注的基本概念和用途，以及词性标注的原理和步骤，重点介绍中文词性的标注体系，最后使用 HMM 实现中文词性标注。

本章包含的实验案例如下。

- 基于 HMM 的中文词向标注：基于人民日报新闻语料库，实现基于 HMM 的中文词性标注，输出输入的文本中每个单词对应的词性。

9.1 词性标注简介

9.1.1 词性标注的基本概念

NLP-09-v-001

词性标注（Part-Of-Speech Tagging，POS Tagging）也被称为语法标注或词类消疑，是指将语料库中单词的词性按其含义和上下文内容进行标记的文本数据处理技术。词性标注可以由人工或特定的算法完成，使用机器学习或深度学习算法实现词性标注是 NLP 的基础任务。常见的词性标注算法有 HMM、CRF、BiLSTM 等。

图 9.1 所示为词向量表示方法。词性标注被广泛应用于 NLP 领域，是各类基于文本的机器学习任务，如语义分析、指代消解和信息检索的预处理步骤。

图 9.1 词向量表示方法

9.1.2 中文词性的分类及作用

在汉语中，词是能够表达完整语义的最小单位，中文词语包括实词和虚词两大类。实词是指能够单独充当句子成分，既有词汇意义又有语法意义的词，包括名词、动词、形容词、数词、量词和代词等。虚词指的是不能独立充当语法成分的词，主要有副词、介词、连词、助词、语气、拟声词和感叹词等。表 9.1 所示为实词分类及信息，列举了实词中关于名称和动词的分类及意义。

表 9.1　实词分类及信息

词性分类	词性小类	举例	对应任务
名词	专有名词	寒武纪	机构名识别
	抽象名称	思想、兴趣、爱好	人名识别
	方位名称	上、下、左、右	方位识别
	时间名词	时、分、秒	时间识别
	普通名称	香蕉、橘子、自行车	领域实体识别
动词	一般动词	来、去、走、说	动作识别
	心理动词	信任、佩服、喜欢	主观性识别
	能愿动词	可能、应该、肯定	确定性识别
	趋向动词	是、为	真假性识别

名词在 NLP 中对应的任务是命名实体识别，而动词则帮助我们理解语言中对象的动作，包括动作的主观性和客观性。虚词可以帮助我们理解语言之间的逻辑语义关系、语言对象的时态信息和语言使用者的情绪等。

9.1.3　词性标注体系

不同的工具会采用不同的标注体系，常见的词性标注工具包括 jieba、HanLP、NLTK 和 ICTCLAS 等。其中 ICTCLAS 是商用的标注工具，其他是免费的。虽然不同工具的标注体系不同，但就词性标注的类别而言，差异不大。目前，中文分词的主流词性标注工具是 jieba 分词，表 9.2 所示为 jieba 词性标注规范。

表 9.2　jieba 词性标注规范

标　记	名　　称	标　记	名　　称	标　记	名　　称
a	形容词	m	数词	u	助词
ad	副形词	n	名词	ud	结构助词
ag	形语素	ng	名语素	ug	结构助词的
an	名形词	nr	人名	ui	时态助词了
b	区别词	ns	地名	ul	结构助词地
c	连词	nt	机构团体	uz	时态助词着
d	副词	y	语气词	v	动词
dg	副语词	nx	字母专名	vd	副动词

标　记	名　称	标　记	名　称	标　记	名　称
e	叹词	nz	其他专名	vg	动语素
f	方位词	o	拟声词	vn	名动词
g	语素	p	介词	w	标点符号
h	前接成分	q	量词	x	非语素字
i	成语	r	代词		
j	简称略语	s	处所词		
k	后接成分	t	方位识别		
l	习用语	tg	时间识别		

从表 9.2 可以看出，标记最大的好处在于对词语成分进行了标记，这种标记信息起到了一个分类和指引的作用。因此，基于词性标注进行信息的筛选和过滤往往能够带来不错的效果。

9.2　HMM 词性标注的原理和基本问题

9.2.1　HMM 词性标注的原理

HMM 可以用来解决词性标注问题。一个包含 N 个状态（记为 $S_1, S_2, \cdots, S_N$）的 HMM 可以由参数 $\lambda = (N, M, \boldsymbol{\mu}, \boldsymbol{A}, \boldsymbol{B})$ 进行描述，其中：

（1）N 表示状态的集合，在词性标注中，可以表示为每个词对应的词性标注；

（2）M 表示观察值的有限集合，每个句子对应的单词；

（3）$\boldsymbol{\mu}$ 表示初始状态概率矩阵，句子中每一个词的先验概率；

（4）$\boldsymbol{A}$ 表示状态转移概率矩阵，一个词性转移到下一个词性的概率；

（5）$\boldsymbol{B}$ 表示观测概率矩阵，在某个词性标注下，生成某个单词的概率。

9.2.2　HMM 的基本问题

HMM 有三个典型的问题，分别是概率计算问题，参数学习问题和解码问题。不同的问题需要使用不同的算法解决。

（1）概率计算问题：已知模型参数，计算某一特定输出序列的概率，通常使用前向-后向算法解决。

（2）参数学习问题：已知模型参数，寻找最可能产生某一特定输出序列的隐含状态的序列，通常使用 Baum-Welch 算法解决。

（3）解码问题：已知输出序列，寻找最可能的状态转移及输出概率，通常使用维特比算法解决。

词性标注的任务是根据输入的文本预测文本中句子每个单词对应的词性，属于 HMM 的解码问题，对于解码问题可以采用维特比算法求解。HMM 的中文词性标注结构如图 9.2 所示，其中观察序列用 O 表示，即文本中的句子，隐藏状态序列用 S 表示，即每个单词对应的词性。

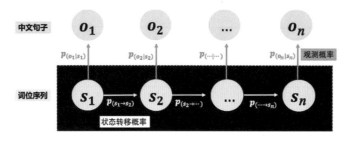

图 9.2　HMM 的中文词性标注结构

9.3　案例实现——HMM 的中文词性标注

NLP-09-v-002

1. 实验目标

（1）理解 HMM 的基本原理。

（2）掌握 HMM 实现词性标注的具体步骤。

（3）掌握 HMM 实现词性标注的方法。

2. 实验环境

HMM 的中文词性标注实验环境如表 9.3 所示。

表 9.3　HMM 的中文词性标注实验环境

硬　件	软　件	资　源
PC/笔记本电脑	Windows 10/Ubuntu 18.04 Python 3.7.3 NumPy 1.18.5	数据集：renmin.txt

3. 实验步骤

该项目主要由 3 个代码文件组成，分别为 hmm.py、tagging.py 和 run.py，具体功能如下。

（1）hmm.py：构建 HMM 类，转移概率矩阵、发射矩阵，以及实现 viterbi 算法。

（2）taging.py：完成数据预处理，调用 HMM 算法实现词性的标注。

（3）run.py：主程序入口。

首先创建项目工程目录 words_tag，在 words_tag 目录下创建源码文件 hmm.py、tagging.py 和 run.py，以及目录文件 corpus，用于存储 renmin.txt 数据文件。HMM 的词性标注目录结构如图 9.3 所示。

名称	类型	大小
corpus	文件夹	
hmm.py	Python File	3 KB
run.py	Python File	1 KB
taging.py	Python File	4 KB

图 9.3　HMM 的词性标注目录结构

按照如下步骤分别编写代码。

（1）编写 hmm.py，加载数据。

步骤一：导入模块

```python
import numpy as np
```

步骤二：编写 HMM，完成转移概率矩阵、发生矩阵的计算，以及 viterbi 算法的实现

```python
class HMM():
    def build_transition(self, states_n, state_state_n, states):
        len_status = len(states_n) # 状态的集合，词性列表的长度
        # 状态转移概率矩阵
        transition_prob = np.zeros((len_status, len_status),
                        dtype=float)
        for i in range(len_status):
            for j in range(len_status):
                s = states[i] + '_' + states[j]
                tag_i = states[i]
                try:
                    # 条件概率
                    transition_prob[i, j] = \
                        state_state_n[s] / (states_n[tag_i] + 1)
                except KeyError:
                    transition_prob[i, j] = 0.0
        return transition_prob
```

```python
def build_emission(self, states_n, o_state_n, o_sequence, states):
    # 发射概率
    emission_prob = np.zeros((len(states), len(o_sequence)),
                              dtype=float)
    # 遍历词性列表的长度，计算发生概率
    for i in range(len(states)):
        for j in range(len(o_sequence)):
            s = o_sequence[j] + '/' + states[i]
            tag_i = states[i]
            try:
                # 条件概率
                emission_prob[i, j] = o_state_n[s] / states_n[tag_i]
            except KeyError:
                emission_prob[i, j] = 0
    return emission_prob

def viterbi(self, o_sequence, A, B, pi):
    # o_sequence:观测序列，A 为条件转移概率，B 为观测概率，pi 为初始状态概率
    len_status = len(pi)
    status_record = {i: [[0, 0] for j in range(len(o_sequence))]
                     for i in range(len_status)}
    for i in range(len(pi)):
        status_record[i][0][0] = pi[i] * B[i, o_sequence[0]]
        status_record[i][0][1] = 0
    # 遍历观测序列，获取最优结果
    for t in range(1, len(o_sequence)):
        for i in range(len_status):
            max = [-1, 0]
            for j in range(len_status):
                tmp_prob = status_record[j][t - 1][0] * A[j, i]
                if tmp_prob > max[0]:
                    max[0] = tmp_prob
                    max[1] = j
            status_record[i][t][0] = max[0] * B[i, o_sequence[t]]
            status_record[i][t][1] = max[1]
    # 符合最优的状态序列，即句子的词向组合
    return self.get_state_sequence(len_status,
                                    o_sequence, status_record)
# 获取最大概率的状态序列
def get_state_sequence(self, len_status, o_seq, status_record):
```

```
    max = 0
    max_idx = 0
    t = len(o_seq) - 1
    for i in range(len_status):
        if max < status_record[i][t][0]:
            max = status_record[i][t][0]
            max_idx = i
    state_sequence = []  # 栈结构
    state_sequence.append(max_idx)
    while (t > 0):
        max_idx = status_record[max_idx][t][1]
        state_sequence.append(max_idx)
        t -= 1
    state_sequence.reverse()
    return state_sequence
```

（2）编写 taging.py，完成数据预处理，调用 HMM 实现词性的标注。

步骤一：导入模块

```
import re
from hmm import HMM
```

步骤二：编写 PosTagging 类，调用 HMM 实现词性标注

```
class PosTagging():
    def __init__(self):
        self.term_tag_n = {}     # 统计单词的次数
        self.tag_tag_n = {}      # 词性转移统计
        self.tags_n = {}         # 语料库中词性的数量
        self.term_list = []      # 观测序列，单词列表
        self.states = []         # 状态序列，词性列表
        self.hmm = HMM()         # HMM 算法
    # 数据预处理
    def process_corpus(self, path):
        term_list = set()
        with open(file=path, mode='r', encoding='utf-8') as f:
            lines = f.readlines()
            for line in lines:
                # 处理语料中的前一项时间信息
                line = re.sub("\d{8}-\d{2}-\d{3}-\d{3}/m? ", "", line)
                sentences = line.split("/w")
```

```python
        # 切分句子
        sentences = [term + '/w' for term in sentences[:-1]]
        for sentence in sentences:
            terms = sentence.split()
            for i in range(len(terms)):
                if terms[i]    '':
                    continue
                try:
                    self.term_tag_n[terms[i]] += 1
                except KeyError:
                    self.term_tag_n[terms[i]] = 1
                word_tag = terms[i].split('/')
                term_list.add(word_tag[0])
                try:
                    self.tags_n[word_tag[-1]] += 1
                except KeyError:
                    self.tags_n[word_tag[-1]] = 1
                if i    0:
                    tag_tag = 'Pos' + "_" + word_tag[-1]
                else:
                    tag_tag = terms[i - 1].split('/')[-1] +\
                            '_' + word_tag[-1]
                try:
                    self.tag_tag_n[tag_tag] += 1
                except KeyError:
                    self.tag_tag_n[tag_tag] = 1
    self.states = list(self.tags_n.keys())
    self.term_list = list(term_list)
    self.transition = self.hmm.build_transition(self.tags_n,
                                    self.tag_tag_n,
                                    self.states)
    self.emission = self.hmm.build_emission(self.tags_n,
                                self.term_tag_n,
                                self.term_list,
                                self.states)
    self.build_init_prob()
# 初始化概率矩阵
def build_init_prob(self):
    sum_tag = sum(list(self.tag_tag_n.values()))
```

```
        self.pi = [self.tags_n[value] / sum_tag for
                    value in self.tags_n]
    # 预测句子中单词的词性
    def predict_tag(self, sentence):  # sentence 为分词后的数组形式
        o_seq = self.convert_sentence(sentence)
        s_seq = self.hmm.viterbi(o_seq, self.transition,
                            self.emission, self.pi)
        self.out_put_result(o_seq, s_seq, self.term_list, self.states)
    # 单词到编号的转换
    def convert_sentence(self, sentence):
        return [self.term_list.index(word) for word in sentence]

    def out_put_result(self, o_seq, s_seq, term_list, states):
        for i in range(len(o_seq)):
            tag = states[s_seq[i]]
            print(term_list[o_seq[i]] + '/' + tag, end=' ')
```

（3）编写 run.py，实现主程序入口。

步骤一：导入模块，实现主函数

```
from taging import PosTagging
if __name__   "__main__":
    pt = PosTagging()
    pt.process_corpus("./corpus/renmin.txt")
    pt.predict_tag(['你', '可以', '永远',
                    '相信', '这', '届', '年轻人','。'])
```

步骤二：运行代码

使用如下命令运行实验代码。

```
python run.py
```

通过执行上述代码，程序在控制台输出的结果如下所示：

```
你/r 可以/v 永远/d 相信/v 这/r 届/n 年轻人/n 。/w
```

4. 实验小结

在本章中使用 HMM 实现了词性标注的任务。从程序运行结果可以看出，HMM 能够给出句子中每个单词的词性。

本章总结

- 本章介绍了词性标注的基本概念和用途。
- 本章重点介绍了中文词性的分类和标注体系。
- 本章介绍了 HMM 实现中文词性标注的具体步骤。
- 本章介绍了基于 HMM 的中文词性标注的综合案例。

作业与练习

1．[多选题] 下列（   ）属于 NLP 的基础性任务。

    A．命名实体识别　　　　　　　　　　B．词性标注

    C．中文分词　　　　　　　　　　　　D．文本分类

2．[多选题] 下列 NLP 的任务中，不属于词归一化技术的是（   ）。

    A．词干提取　　　　　　　　　　　　B．词形还原

    C．命名实体识别　　　　　　　　　　D．词性标注

3．[单选题] 不属于词性标注难点的是（   ）。

    A．一词多义　　　　　　　　　　　　B．未登录词

    C．一词多词性　　　　　　　　　　　D．中文缺乏词的形态

4．[多选题] 关于 HMM 说法正确的是（   ）。

    A．HMM 是判别模型

    B．HMM 是概率无向图

    C．HMM 存在两个假设，状态满足马尔科夫链，观测独立性假设

    D．HMM 既可以实现中文分词，也可以实现词性标注

5．[多选题] 下列（   ）算法可以用于词性标注。

    A．朴素贝叶斯分类算法　　　　　　　B．CRF

    C．HMM　　　　　　　　　　　　　D．基于字符串匹配的字典查找

NLP-09-c-001

第 10 章

HMM 的命名实体识别

本章目标

- 了解命名实体识别的基本概念。
- 了解命名实体识别的常见方法。
- 掌握 HMM 实现命名实体识别的方法。

序列标注是自然语言处理中最常见的问题，比如分词、关键词提取都属于序列标注问题。本章介绍的命名实体识别同样属于序列标注。命名实体识别是自然语言处理中的基本任务，同时也是句法分析、信息提取、问答系统、机器翻译等核心任务的基础。目前，其已被广泛应用于自然语言的各个领域。

本章将介绍命名实体识别的基本概念和常见的处理方法。在机器学习中，常见的处理方法有最大熵模型、隐马尔科夫模型（Hidden Markov Model，HMM）和条件随机场（Conditional Random Field，CRF）模型。在深度学习中，LSTM 在命名实体识别的任务中取得了巨大的成功，同时随着预训练模型的发展，这种端到端的学习技术也让命名实体识别任务变得更容易。在本章我们会依次介绍相关的算法，并使用这些算法实现中文命名实体识别。

本章包含的实验案例如下。

- 基于 HMM 的命名实体识别：使用 HMM 实现中文命名实体识别，使用训练好的 HMM 识别输入文本中包含的人名、地名和机构名。

10.1　命名实体识别

10.1.1　命名实体识别的概念

命名实体识别（Named Entity Recognition，NER）就是从一段自然语言的文本中找出相关实体，并标注其位置及类型。所谓的命名实体一般指的是文本中具有特定意义或指代性强的实体，通常包括人名、地名、机构名、日期、时间和专有名词等。图 10.1 所示为 NER 具体的示例，示例中的命名实体用特殊的颜色表示，比如地名、日期和时间。

中山公园于 2019 年 9 月 7 日 16:30 停止入园，9 月 7 日 18 时至 9 月 8 日 7 时暂停开放。
地名　　　日期　　　　时间　　　　　日期　　时间　　日期　时间

图 10.1　NER 具体的示例

目前，NER 的研究主要分为工业和学术两个领域，两个领域的侧重点不同。在学术领域，NER 一般包括 3 大类（实体类、时间类、数字类）和 7 小类（人名、地名、组织机构名、时间、日期、货币、百分比）；在工业界，NER 模型通常只要识别出人名、地名、组织机构名、日期和时间即可，一些系统还会给出专有名词结果（如缩写、会议名、产品名等）。另外，系统在一些应用场景下会给出特定领域内的实体，如书名、歌曲名、期刊名等。

10.1.2　NER 的标注方法

通常情况下，进行 NER 需要对每个字都进行标注，中文为单个字，英文为单词，并按照空格分割。表 10.1 所示为标注实体的标签类型及其释义。

表 10.1　标注实体的标签类型及其释义

类　型	释　义
B	Begin:实体的开始
I	Internedite:实体的中间
M	Middle:实体的中间
E	End:实体的结尾
S	Single:单个的实体

其中标签类型 I 和 M 都可以表示实体的中间，在实际的案例中，选用哪种标注方式都可以。NER 中常见的标注方法有以下几种：

1. 三位序列标注法

在三位序列标注法（BIO）中，B 表示实体的开始，I 表示实体的中间或结尾，O 不属于任何类型的实体。假设我们有这样一个句子："裴广战出生于中国河南。"我们使用 BIO 可以将其表示为如下形式。

```
裴 B-PER
广 I-PER
战 I-PER
出 O
生 O
于 O
中 B-NS
国 I-NS
河 I-NS
南 I-NS
```

其中 B-PER 表示人名的开始，I-PER 表示人名的中间或结尾，而 B-NS 表示地名的开始，I-NS 表示地名的中间或结尾。

2. 四位序列标注法

在四位序列标注法（BIEO）中，B 表示实体的开始，I 表示实体的中间，E 表示实体的结尾，O 不属于任何类型的实体。对上述的句子使用 BIEO 可以将其表示为：

```
裴 B-PER
广 I-PER
战 E-PER
出 O
生 O
于 O
中 B-NS
国 I-NS
河 I-NS
南 E-NS
```

其中，B-PER 表示人名的开始，I-PER 表示人名的中间，E-PER 表示人名的结尾，而 B-NS 表示地名的开始，I-NS 表示地名的中间，E-NS 表示地名的结尾。在上述的标注方法中，同样也可以使用 M 代替 I 表示实体中间，我们将这种标注方法称为 BMO 或 BMEO。

10.2 NER 的 HMM

在 9.2.2 节中我们详细介绍了 HMM 的基本问题，具体包括概率计算问题、参数学习问题和解码问题。本节将使用 HMM 处理 NER 任务。NER 的任务是根据输入的文本预测文本中包含的实体，同样属于解码问题。因此，我们详细介绍解码问题。已知模型参数 $\lambda = (\pi, A, B)$ 和观测序列 $O = (O_1, O_2, \cdots, O_T)$，对于给定的观测序列，能够使条件概率 $P(O|\lambda)$ 最大的状态序列 $I = (i_1, i_2, \cdots, i_T)$，即给定观测序列，求最有可能对应的状态序列，如式（10.1）所示。

$$\arg \max_I \{P(I|O,\lambda)\} \tag{10.1}$$

在 NER 的任务中，我们可以将观测序列 O 理解为输入的文本，将状态序列 I 理解为句子对应的标注序列，即输入文本对应的实体标注。

10.3 案例实现——HMM 的中文命名实体识别

NLP-10-v-003

1．实验目标

（1）理解 HMM 的原理。

（2）理解 HMM 实现命名实体识别的具体步骤。

（3）掌握 HMM 实现命名实体识别的方法。

2．实验环境

HMM 的 NER 实验环境如表 10.2 所示。

表 10.2　HMM 的 NER 实验环境

硬　　件	软　　件	资　　源
PC/笔记本电脑	Windows 10/Ubuntu 18.04 Python 3.7.3 NumPy 1.18.2 TensorFlow 2.3.1	数据集：人民日报数据集 renmin.txt

3．实验步骤

该项目主要由 5 个代码文件组成，分别为 data_save_pkl.py、utils.py、model_save_hmm.py、model_decode_hmm.py 和 run.py，具体功能如下。

（1）data_save_pkl.py：读取 renmint.txt 文件，完成数据预处理，并将数据保存成 pkl 的格式，以方便使用。

（2）utils.py：帮助文件，读取保存后的 pkl 文件，加载词汇表和标签表。

（3）model_save_hmm.py：完成 HMM 的参数计算和模型保存。

（4）model_decode_hmm.py：实现维特比算法，完成预测数据的解码。

（5）run.py：主程序入口，启动 HMM 的命名实体识别项目。

首先创建项目工程目录 ner_hmm，在 ner_hmm 目录下创建源码文件 data_save_pkl.py、utils.py、model_save_hmm.py、model_decode_hmm.py、run.py，以及目录文件 middle、data_target_pkl 和 hmm_pkl。它们分别用于预处理中间文件、pkl 文件和模型的 pkl 文件。

HMM 的命名实体识别目录结构如图 10.2 所示。

名称	类型	大小
data_target_pkl	文件夹	
hmm_pkl	文件夹	
middle	文件夹	
data_save_pkl.py	Python File	8 KB
mode_decode_hmm.py	Python File	1 KB
model_save_hmm.py	Python File	2 KB
renmin.txt	文本文档	10,421 KB
run.py	Python File	4 KB
utils.py	Python File	1 KB

图 10.2　HMM 的命名实体识别目录结构

按照如下步骤分别编写代码。

（1）编写 data_save_pkl.py，创建参数配置类 Conifig 和 Model。

步骤一：导入模块

```
import re
import codecs
import pickle # 数据保存
import collections
import numpy as np
from tensorflow.keras.preprocessing.sequence import pad_sequences
```

步骤二：编写 origin_handle_entities 函数，将文本中分开的机构名和人名合并

```
def origin_handle_entities():
    with open('.///renmin.txt', 'r', encoding='utf-8') \
            as inp, open('./middle/renmin2.txt', 'w',
                    encoding='utf-8') as outp:
        # 1. 遍历 renmin.txt,加载数据
        for line in inp.readlines():
            line = line.split('  ')  # 注意分隔符为两个空格
```

```
        i = 1
        while i < len(line) - 1:
            # 合并机构名称
            # [国务院/nt  侨办/j]nt -> 国务院侨办/nt
            if line[i][0]   '[':
                outp.write(line[i].split('/')[0][1:])
                i += 1
                while i < len(line) - 1 and\
                        line[i].find(']')   -1:
                    if line[i] != '':
                        print(line[i].split('/')[0])
                        outp.write(line[i].split('/')[0])
                    i += 1

                outp.write(line[i].split('/')[0].strip() + '/'
                        + line[i].split('/')[1][-2:] + ' ')
            # 合并人名 裴/nr 广战/nr -> 裴广战/nr
            elif line[i].split('/')[1]   'nr':
                print(line[i].split('/'))
                word = line[i].split('/')[0]
                print(word)
                i += 1
                if i < len(line) - 1 and line[i].split('/')[1]   'nr':
                    outp.write(word + line[i].split('/')[0] + '/nr ')
                else:
                    outp.write(word + '/nr ')
                    continue
            else:
                outp.write(line[i] + '/nr ')
            i += 1
        outp.write('\n')
```

步骤三：编写函数 origin_handle_mark，标注数据的命名实体

```
def origin_handle_mark():
    with codecs.open('middle/renmin2.txt', 'r', 'utf-8') \
            as inp, codecs.open('middle/renmin3.txt', 'w',
                            'utf-8') as outp:
        # 遍历 renmin2.txt
        for line in inp.readlines():
```

```
        line = line.split(' ')
        i = 0
        while i < len(line) - 1:
            if line[i]    '':
                i += 1
                continue
            word = line[i].split('/')[0]
            tag = line[i].split('/')[1]
            # 处理人名、地名、机构名
            if tag    'nr' or tag    'ns' or tag    'nt':
                outp.write(word[0] + "/B_" + tag + " ")
                for j in word[1:len(word) - 1]:
                    if j != ' ':
                        outp.write(j + "/M_" + tag + " ")
                outp.write(word[-1] + "/E_" + tag + " ")
            # 其他标签
            else:
                for wor in word:
                    outp.write(wor + '/O ')
            i += 1
        outp.write('\n')
```

步骤四：编写 sentence_split 函数，实现句子的切分

```
def sentence_split():
    with open('middle/renmin3.txt', 'r', encoding='utf-8') \
            as inp, codecs.open('middle/renmin4.txt',
                                'w','utf-8') as outp:
        # 处理文本编码为 utf-8
        texts = inp.read().encode('utf-8').decode('utf-8')
        sentences = re.split('[ 。！？、'' ""：]/[O]'.
                              encode('utf-8').
                              decode('utf-8'), texts)
        # 句子切分
        for sentence in sentences:
            if sentence != " ":
                outp.write(sentence.strip() + '\n')
```

步骤五：编写 data_to_pkl，保存数据

```python
def data_to_pkl():
    datas = list()
    labels = list()
    all_words = []
    tags = set()
    input_data = codecs.open('middle/renmin4.txt', 'r', 'utf-8')
    # 1. 将标注子句拆分成字列表和对应的标注列表
    for line in input_data.readlines():
        linedata = list()
        linelabel = list()
        line = line.split()
        numNotO = 0
        for word in line:
            word = word.split('/')
            linedata.append(word[0])
            linelabel.append(word[1])
            all_words.append(word[0])
            tags.add(word[1])
            if word[1] != 'O':              # 标注全为 O 的子句
                numNotO += 1
        if numNotO != 0:                     # 只保存标注不全为 O 的子句
            datas.append(linedata)
            labels.append(linelabel)
    input_data.close()
    # 2. 创建词汇表和标签表
    words_count = collections.Counter(all_words).most_common()
    word2id = {word: i for i, (word, _) in enumerate(words_count, 1)}
    word2id["[PAD]"] = 0
    word2id["[unknown]"] = len(word2id)
    id2word = {i: word for word, i in word2id.items()}
    tag2id = {tag: i for i, tag in enumerate(tags)}
    id2tag = {i: tag for tag, i in tag2id.items()}
    # 3. 使数据向量化，并处理成相同长度
    max_len = 60
    data_ids = [[word2id[w] for w in line] for line in datas]
    label_ids = [[tag2id[t] for t in line] for line in labels]
    x = pad_sequences(data_ids, maxlen=max_len,
```

```
                        padding='post').astype(np.int64)
y = pad_sequences(label_ids, maxlen=max_len,
                        padding='post').astype(np.int64)
# 4. 向量化后，数据拆分成训练集、验证集、测试集
from sklearn.model_selection import train_test_split
x_train, x_test, y_train, y_test = train_test_split(
    x,y,test_size=0.2,random_state=43,
)
x_train, x_valid, y_train, y_valid = train_test_split(
    x_train,y_train,test_size=0.2,random_state=43,
)
# 5. 保存数据
with open('data_target_pkl/renmindata.pkl', 'wb') as outp:
    pickle.dump(word2id, outp)
    pickle.dump(id2word, outp)
    pickle.dump(tag2id, outp)
    pickle.dump(id2tag, outp)
    pickle.dump(x_train, outp)
    pickle.dump(y_train, outp)
    pickle.dump(x_test, outp)
    pickle.dump(y_test, outp)
    pickle.dump(x_valid, outp)
    pickle.dump(y_valid, outp)
print('Finished saving the data.')
```

步骤六：编写 load_data_rm 函数，完成标签表和词汇表的保存

```
def load_data_rm():
    # 加载数据
    pickle_path = 'data_target_pkl/renmindata.pkl'
    with open(pickle_path, 'rb') as inp:
        word2id = pickle.load(inp)
        id2word = pickle.load(inp)
        tag2id = pickle.load(inp)
        id2tag = pickle.load(inp)
    with open('data_target_pkl/vocab.pkl', 'wb') as outp:
        pickle.dump(word2id, outp)
        pickle.dump(id2word, outp)
    with open('data_target_pkl/tags.pkl', 'wb') as outp1:
        pickle.dump(tag2id, outp1)
```

```
        pickle.dump(id2tag, outp1)
```

步骤七：主函数处理，保存数据

```
def main():
    origin_handle_entities()
    origin_handle_mark()
    sentence_split()
    data_to_pkl()
    load_data_rm()
if __name__   '__main__':
    main()
```

步骤八：运行代码

使用如下命令运行实验代码。

```
python data_save_pkl.py
```

通过执行上述代码，在 data_target_pkl 目录下生成数据文件 renmindata.pkl、标签表 tags.pkl 和词汇表 vocab.pkl，如图 10.3 所示。

图 10.3　生成 pkl 文件

（2）编写帮助函数 uitls.py，完成词汇表和标签表的加载。

步骤一：导入模块，编写 read_Word2vec 函数，实现数据的加载

```
import pickle
def read_Word2vec():
    # 加载词汇表
    with open("data_target_pkl/vocab.pkl", 'rb') as inp:
        token2idx = pickle.load(inp)
        idx2token = pickle.load(inp)
    # 加载标签表
    with open("data_target_pkl/tags.pkl", "rb") as inp:
        tag2idx = pickle.load(inp)
        idx2tag = pickle.load(inp)
    return token2idx, idx2token, tag2idx, idx2tag
```

（3）编写 model_save_hmm.py，完成 HMM 参数的计算。

步骤一：导入模块

```
import codecs
import pickle
import numpy as np
from utils import read_Word2vec
# 加载词汇表和标签表信心
token2idx, idx2token, tag2idx, idx2tag = read_Word2vec()
N = len(tag2idx)            # 标签的数量
M = len(token2idx)          # 文本中语料库的长度
```

步骤二：编写 train_hmm 函数，完成参数计算

```
def train_hmm(data_file):
    input_data = codecs.open(data_file, 'r', 'utf-8')
    # 每个 tag 出现在句首的概率
    pi = np.zeros(N)
    # A[i][j],给定 tag i,出现单词 j 的概率
    A = np.zeros((N, M))
    # B[i][j],词性为 tag i 时，其后单词的词性为 tag j 的概率
    B = np.zeros((N, N))

    # 遍历输入数据 renmin4.txt
    for line in input_data.readlines():
        line = line.strip().split()
        # 词汇表新
        tokens = [token2idx[string.split('/')
                  [0].strip()] for string in line]
        # 标签表信息
        tags = [tag2idx[string.split('/')
                [1].strip()] for string in line]
        # 统计 pi,A, B
        for idx in range(len(tokens)):
            if idx  0:
                pi[tags[idx]] += 1
                A[tags[idx]][tokens[idx]] += 1
            else:
                A[tags[idx]][tokens[idx]] += 1
```

```
            B[tags[idx - 1]][tags[idx]] += 1
    # 计算 pi，A，B
    pi = pi / sum(pi)
    A = A / A.sum(axis=-1).reshape(-1, 1)
    B = B / B.sum(axis=-1).reshape(-1, 1)
    return pi, A, B
```

步骤三：编写 save_hmm 函数，完成模型的保存

```
def save_hmm():
    data_file = 'middle/renmin4.txt'
    pi, A, B = train_hmm(data_file)

    with open('hmm_pkl/hmm.pkl', 'wb') as output:
        pickle.dump(pi, output)
        pickle.dump(A, output)
        pickle.dump(B, output)
    return pi, A, B
```

步骤四：主函数处理

```
if __name__    '__main__':
    save_hmm ()
```

步骤五：运行代码

使用如下命令运行实验代码。

```
python model_save_hmm.py
```

通过执行上述代码，在 hmm_pkl 目录下生成模型文件 hmm.pkl，如图 10.4 所示。

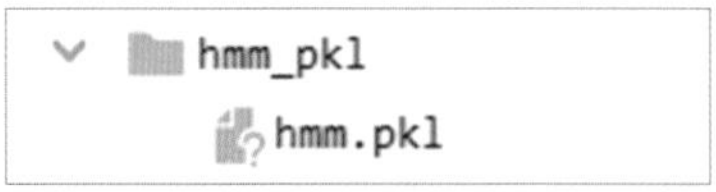

图 10.4　生成模型 hmm.pkl 文件

（4）编写 model_decode_hmm.py 源码文件，完成 HMM 的解码。

步骤一：导入模块，设置全局变量

```
import numpy as np
```

```
from utils import read_Word2vec
from model_save_hmm import save_hmm
token2idx, idx2token, tag2idx, idx2tag = read_Word2vec()
pi, A, B = save_hmm()
```

步骤二：编写 viterbi_decode 函数，完成预测序列的解码

```python
# log 函数
def log_(v):
    return np.log(v + 0.000001)
# viterbi 算法实现解码
def viterbi_decode(x, pi, A, B):
    T = len(x)              # 待预测文本的长度
    N = len(tag2idx)        # 标签的数据量
    dp = np.full((T, N), float('-inf'))
    ptr = np.zeros_like(dp, dtype=np.int32)
    dp[0] = log_(pi) + log_(A[:, x[0]])
    # 动态规划算法实现 viterbi
    for i in range(1, T):
        v = dp[i - 1].reshape(-1, 1) + log_(B)
        dp[i] = np.max(v, axis=0) + log_(A[:, x[i]])
        ptr[i] = np.argmax(v, axis=0)
    # 最优序列
    best_seq = [0] * T
    best_seq[-1] = np.argmax(dp[-1])
    for i in range(T - 2, -1, -1):
        best_seq[i] = ptr[i + 1][best_seq[i + 1]]
    return best_seq
```

（5）编写主程序入口 run.py。

步骤一：导入模块，设置全局变量

```python
import re
import pickle
import numpy as np
# 读取保存的 hmm 参数
from model_save_hmm import save_hmm
# 调用维特比算法进行解码
from mode_decode_hmm import viterbi_decode
# 获取参数
pi, A, B = save_hmm()
```

步骤二：编写 Tokenizer 类，完成预测文本向量化

```python
class Tokenizer:
    # 读取标签信息
    def __init__(self, vocab_file):
        with open(vocab_file, 'rb') as inp:
            self.token2idx = pickle.load(inp)
            self.idx2token = pickle.load(inp)
    # 清洗数据，去除空白字符和标点符号
    def encode(self, text, maxlen):
        seqs = re.split('[，。！？、\'\'""：]', text.strip())
        # 将待预测文本转换成编号
        seq_ids = []
        for seq in seqs:
            token_ids = []
            if seq:
                for char in seq:
                    # 若词汇表总不包含该单词，用[unknown]表示
                    if char not in self.token2idx:
                        token_ids.append(self.token2idx['[unknown]'])
                    # 单词转换成编号
                    else:
                        token_ids.append(self.token2idx[char])
            seq_ids.append(token_ids)
        # 将句子处理成相同的长度
        num_samples = len(seq_ids)
        x = np.full((num_samples, maxlen), 0., dtype=np.int64)
        for idx, s in enumerate(seq_ids):
            trunc = np.array(s[:maxlen], dtype=np.int64)
            x[idx, :len(trunc)] = trunc
        return x
```

步骤三：编写预测函数 predict，完成序列标签的输出

```python
def predict(input_ids):
    res = []
    # 遍历待预测序列
    for idx, x in enumerate(input_ids):
        x = x[x > 0]  # 真实序列值
        # 调用维特比算法完成解码
```

```python
        y_pred = viterbi_decode(x, pi, A, B)
        res.append(y_pred)
    return res
```

步骤四：编写 Parser 类，实现预测向量转标签序列

```python
class Parser:
    def __init__(self, tags_file):
        with open(tags_file, "rb") as inp:
            self.tag2idx = pickle.load(inp)
            self.idx2tag = pickle.load(inp)

    def decode(self, text, paths):
        seqs = re.split('[,。! ? 、\'\'""：]', text)
        labels = [[self.idx2tag[idx] for idx in seq]for seq in paths]
        res = []
        for sent,tags in zip(seqs, labels):
            tags = self._correct_tags(tags)
            res.append(list(zip(sent,tags)))
        return res
    # 解析预测结果
    def _correct_tags(self, tags):
        stack = []
        for idx, tag in enumerate(tags):
            # 判断标签是否合理
            if tag.startswith("B"):
                stack.append(idx)
            # 实体的中间部分
            elif tag.startswith("M") and stack and tags[
                stack[-1]]    'B_' + tag[2:]:
                continue
            # 实体的结尾
            elif tag.startswith("E") and stack and tags[
                stack[-1]]    'B_' + tag[2:]:
                stack.pop()
            else:
                stack.append(idx)
        # 非实体的标注
        for idx in stack:
            tags[idx] = 'O'
```

```
        return tags
```

步骤五：主函数处理

```
def main():
    text = "寒武纪在北京举办 2022 春季专场招聘会"
    vocab_file = "data_target_pkl/vocab.pkl"
    tags_file = "data_target_pkl/tags.pkl"
    # 加载词汇表
    tokenizer = Tokenizer(vocab_file)
    input_ids = tokenizer.encode(text, maxlen=40)
    # 创建 Paser 对象
    parser = Parser(tags_file)
    # 预测向量转标签序列
    paths = predict(input_ids)
    # 对预测的句子进行解码
    print(parser.decode(text, paths))
if __name__ '__main__':
    main()
```

步骤六：运行代码

使用如下命令运行实验代码。

```
python run.py
```

通过执行上述代码，在控制台输出的结果如下所示。

```
[[('寒', 'O'), ('武', 'B_nt'), ('纪', 'M_nt'), ('在', 'O'), ('北',
'B_ns'), ('京', 'E_ns'), ('举', 'O'), ('办', 'O'), ('2', 'O'), ('0', 'O'),
('2', 'O'), ('2', 'O'), ('春', 'O'), ('季', 'O'), ('专', 'O'), ('场', 'O'),
('招', 'O'), ('聘', 'O'), ('会', 'O')]]
Process finished with exit code 0
```

4. 实验小结

本章使用 HMM 完成了命名实体识别任务，从程序运行结果可以看出。HMM 可以识别出句子中包含的地名信息，而机构名称 "寒武纪" 则识别错误。这表明 HMM 具有一定的缺陷。在后续的章节中，我们将使用深度学习的算法完成命名实体识别任务。

本章总结

- 本章介绍了命名实体识别的基本概念和常见的标注方法。
- NER 属于 HMM 的解码问题，需要使用维特比算法求解，重点是掌握 HMM 的基本原理和实现步骤。
- 本章介绍了基于 HMM 的中文命名实体识别的综合案例。

作业与练习

1．[单选题] 以下（　　　）不是命名实体识别的难点。
　　A．数量多　　　　　　　　　　　B．规则复杂
　　C．嵌套复杂　　　　　　　　　　D．长度统一

2．[多选题] 自然语言处理的难点有（　　　）。
　　A．分词　　　　　　　　　　　　B．语用歧义
　　C．单字识别　　　　　　　　　　D．命名实体识别

3．[单选题] 在 HMM 中,如果已知观察序列和产生观察序列的状态序列，那么可用（　　　）直接进行参数估计。
　　A．EM 算法　　　　　　　　　　B．维特比算法
　　C．前向后向算法　　　　　　　　D．极大似然估计

4．[多选题]（　　　）可以用于实现命名实体识别。
　　A．HMM　　　　　　　　　　　　B．CRF
　　C．LSTM　　　　　　　　　　　　D．TextRank

NLP-10-c-001

第 11 章

BiLSTM–CRF 的命名实体识别

本章目标

- 了解 CRF 的基本概念和原理。
- 熟悉 BiLSTM 的原理和网络结构。
- 理解 CRF 模型在 NER 中的作用。
- 掌握 BiLSTM-CRF 实现 NER 的方法。

BiLSTM 是双向的长短时记忆神经网络，是由前向 LSTM 与后向 LSTM 组合而成的。其在 NLP 中可以用于文本数据建模，学习句子的语义信息。条件随机场（Conditional Random Field, CRF）是给定一组输入随机变量条件下另一组输出随机变量的条件概率分布模型。

BiLSTM-CRF 结合了两者的优点，在 NER 的任务中具有很好的效果。BiLSTM 层的作用是学习句子的语义信息，输出内容是预测标签的得分。CRF 层的作用是向最终的预测标签添加约束，并确保标签是有效的，从而提高模型的准确率。本章将重点介绍 BiLSTM-CRF 的原理和实现方法，最后用 BiLSTM-CRF 实现中文命名实体识别。

本章包含的实验案例如下。

- 基于 BiLSTM-CRF 的命名实体识别：使用 BiLSTM-CRF 实现中文命名实体识别，具体包括数据预处理、模型训练、模型保存和使用等。

11.1 CRF 简介

11.1.1 CRF 的基本概念

概率图模型是利用图来表示模型有关变量的联合概率分布。马尔科夫随机场就属于概率图模型，它指的是某一时刻 t 的输出只和 $t-1$ 时刻的输出有关系。马尔科夫随机场假设一个结点的取值只和相邻的结点有关系，和不相邻的结点无关。

CRF 是一种特殊的马尔科夫随机场，CRF 假设模型中只有观测值 $X = (x_1, x_2, \cdots, x_n)$ 和状态值 $Y = (y_1, y_2, \cdots, y_n)$。在 CRF 中每个状态值 y_i 只和其相邻的结点有关系，和不相邻结点无关，而观测值 X 可以不具有马尔科夫性质。观测序列 X 是作为一个整体影响状态值 Y 的计算结果的。条件随机场如图 11.1 所示。

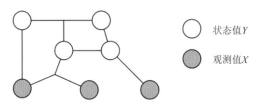

图 11.1 条件随机场

如果观测值 X 和状态值 Y 都是线性的链，则称为线性链条件随机场，如图 11.2 所示。命名实体识别任务就属于线性链条件随机场。

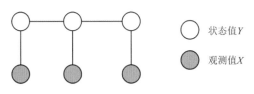

图 11.2 线性链条件随机场

11.1.2 BiLSTM 的命名实体识别

NLP-11-v-001

BiLSTM 自身就可以用于命名实体识别任务。用 BiLSTM 进行命名实体识别的时候就是对每个时刻的输入进行分类，BiLSTM 的 NER 示意图如图 11.3 所示。

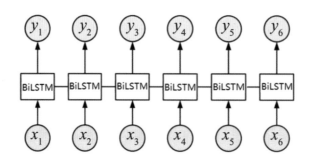

图 11.3　BiLSTM 的 NER 示意图

在图 11.3 中，$X = (x_1, x_2, \cdots, x_6)$ 表示输入序列的长度为 6，$Y = (y_1, y_2, \cdots, y_6)$ 表示每个单词对应的标注类型。BiLSTM 虽然可以学习输入文本序列的语义信息，但是不能考虑输出的每个元素的相关性，原因是 BiLSTM 进行逐个元素分类时不考虑词与词之间的相关性。

11.1.3　CRF 的命名实体识别

NLP-11-v-002

CRF 自身也可以完成命名实体识别的任务，而且 CRF 可以考虑输出元素的前后关联性，CRF 的 NER 示意图如图 11.4 所示。

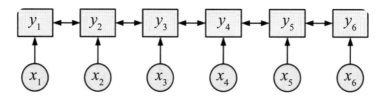

图 11.4　CRF 的 NER 示意图

在图 11.4 中，$X = (x_1, x_2, \cdots, x_6)$ 表示输入序列的长度为 6，$Y = (y_1, y_2, \cdots, y_6)$ 表示每个单词对应的标注类型，输出序列之间的标注类型具有相关性。

CRF 会计算出一个输出序列的分数，并用所有可能序列的分数之和进行归一化，CRF 的输出序列如图 11.5 所示。"O/B_nr/I_nr/E_nr/O" 就是其中一个序列路径，其中 B_nr、I_nr 和 E_nr 分别表示实体人名的开始、中间和结尾，O 表示非实体类型。CRF 会找出概率最大的路径作为预测序列。

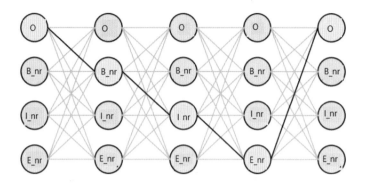

图 11.5　CRF 的输出序列

11.2　BiLSTM-CRF 的原理

BiLSTM-CRF 首先将句子 $X = (x_1, x_2, ..., x_n)$ 中的每一个单词表示为一个向量，即单词用 Word2vec 表示，记为 $W = (w_1, w_2, ..., w_n)$。BiLSTM-CRF 的输入即词向量 $\boldsymbol{W}$，BiLSTM-CRF 的网络结构如图 11.6 所示。

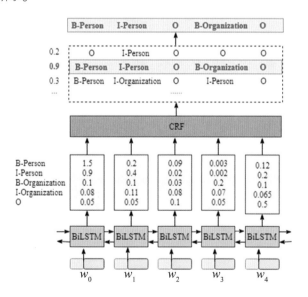

图 11.6　BiLSTM-CRF 的网络结构

BiLSTM 层的输入表示该单词对应各个类别的分数，如 w_0，BiLSTM 节点的输出是 1.5 (B-

Person)、0.9 (I-Person)、0.1 (B-Organization)、0.08 (I-Organization) 和 0.05 (O)。这些分数将会是 CRF 层的输入。所有 BiLSTM 层输出的分数将作为 CRF 层的输入，在类别序列中分数最高的类别就是我们预测的最终结果。

从图 11.6 中可以看出，即使没有 CRF 层，也可以基于 BiLSTM 训练一个命名实体识别模型。我们可以选择分数最高的类别作为预测结果。w_0 是 "B-Person" 时分数最高（1.5），那么我们可以选定 "B-Person" 作为预测结果，同样可以得到正确的预测结果。但实际情况并不总是这样，图 11.7 所示的 BiLSTM 分类结果就不准确。

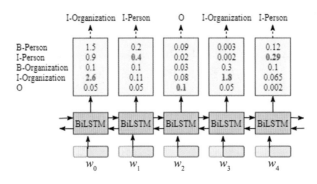

图 11.7　BiLSTM 分类结果

而在 CRF 中加入一些约束条件提高最终预测结果是有效的。这些约束条件可以在训练数据时被 CRF 层自动学习得到，具体的约束包括：

（1）句子的开头必须是 "B-" 或 "O"，而不能是 "I-"；

（2）同一个模式下，应该是相同的实体类别，如 "B-Person I-Person" 是正确的，而 "B-Person I-Organization" 则是错误的。

通过加入这些约束条件，预测的错误将会在很大程度上减少。BiLSTM-CRF 结合了两者的特点，提高了命名实体识别任务的准确率。

11.3　案例实现——BiLSTM-CRF 的中文命名实体识别

1. 实验目标

（1）理解 BiLSTM-CRF 的原理和基本问题。

（2）理解 BiLSTM-CRF 实现命名实体识别的具体步骤。

（3）掌握 BiLSTM-CRF 实现命名实体识别的方法。

NLP-11-v-003

2. 实验环境

BiLSTM-CRF 的 NER 实验环境如表 11.1 所示。

表 11.1 BiLSTM-CRF 的 NER 实验环境

硬　　件	软　　件	资　　源	备　　注
PC/笔记本电脑	Windows 10/Ubuntu 18.04 Python 3.7.3 Torch 1.8.0 TorchCRF 1.0.6	数据集： renmindata.pkl	生成 renmindata.pkl 文件的代码（参考第 10 章数据预处理部分）

3. 实验步骤

该项目主要由 4 个代码文件组成，分别为 read_file_pkl.py、bilstm_crf_model.py、utils.py 和 train.py，具体功能如下。

（1）read_file_pkl.py：读取 renmindata.pkl 文件，加载数据。

（2）bilstm_crf_model.py：构建 BiLSTM-CRF。

（3）utils.py：帮助文件，包含模型的配置信息，完成实体类型的解码。

（4）train.py：完成 BiLSTM-CRF 的训练、保存和预测。

首先创建项目工程目录 ner_bilstm_crf，在 ner_bilstm_crf 目录下创建源码文件 read_file_pkl.py、bilstm_crf_model.py、utils.py、train.py，以及目录文件 data_target_pkl，其用于存储 renmindata.pkl 数据文件。

BiLSTM-CRF 的命名实体识别目录结构如图 11.8 所示。

图 11.8 BiLSTM-CRF 的命名实体识别目录结构

按照如下步骤分别编写代码。

（1）编写 read_file_pkl.py，读取数据。

```python
# 读取数据
def load_data():
    pickle_path = 'data_target_pkl/renmindata.pkl'
```

```python
    with open(pickle_path, 'rb') as inp:
        word2id = pickle.load(inp)          # 词汇表
        id2word = pickle.load(inp)
        tag2id = pickle.load(inp)           # 标签表
        id2tag = pickle.load(inp)
        # 训练集
        x_train = pickle.load(inp)
        y_train = pickle.load(inp)
        # 测试集
        x_test = pickle.load(inp)
        y_test = pickle.load(inp)
        # 验证集
        x_valid = pickle.load(inp)
        y_valid = pickle.load(inp)
    return word2id, tag2id, x_train, x_test, \
        x_valid, y_train, y_test, y_valid, id2tag
```

（2）编写帮助函数 bilstm_crf_model.py，构建 BiLSTM-CRF。

步骤一：导入模块

```python
import torch
import torch.nn as nn
from TorchCRF import CRF
from torch.utils.data import Dataset
```

步骤二：编写 NERDataset 类，读取数据

```python
# 命名体识别数据
class NERDataset(Dataset):
    def __init__(self, X, Y, *args, **kwargs):
        self.data = [{'x': X[i], 'y': Y[i]} for i in range(X.shape[0])]
    # 通过索引获取数据
    def __getitem__(self, index):
        return self.data[index]
    # 返回数据的长度
    def __len__(self):
        return len(self.data)
```

步骤三：编写 NERLSTM_CRF 类，实现 BiLSTM-CRF

```python
# LSTM_CRF 模型
class NERLSTM_CRF(nn.Module):
```

```python
    def __init__(self, config):
        super(NERLSTM_CRF, self).__init__()
        self.embedding_dim = config.embedding_dim
        self.hidden_dim = config.hidden_dim
        self.vocab_size = config.vocab_size
        self.num_tags = config.num_tags
        self.embeds = nn.Embedding(self.vocab_size, self.embedding_dim)
        self.dropout = nn.Dropout(config.dropout)

        self.lstm = nn.LSTM(self.embedding_dim,
                            self.hidden_dim // 2,
                            num_layers=1, bidirectional=True,
                            # 该属性设置后，需要特别注意数据的形状
                            batch_first=True,
                            )
        self.linear = nn.Linear(self.hidden_dim, self.num_tags)
        # CRF 层
        self.crf = CRF(self.num_tags)
    def forward(self, x, mask):
        embeddings = self.embeds(x)
        feats, hidden = self.lstm(embeddings)
        emissions = self.linear(self.dropout(feats))
        outputs = self.crf.viterbi_decode(emissions, mask)
        return outputs
    def log_likelihood(self, x, labels, mask):
        embeddings = self.embeds(x)
        feats, hidden = self.lstm(embeddings)
        emissions = self.linear(self.dropout(feats))
        loss = -self.crf.forward(emissions, labels, mask)
        return torch.sum(loss)
```

（3）编写 utils.py，完成数据的批量加载，以及实体类别的解码。

步骤一：导入模块，加载全局变量

```python
import torch
import torch.optim as op
from torch.utils.data import DataLoader
from read_file_pkl import load_data
from bilstm_crf_model import NERDataset
from bilstm_crf_model import NERLSTM_CRF
```

```
word2id, tag2id, x_train, x_test, x_valid, \
y_train, y_test, y_valid, id2tag = load_data()
```

步骤二：编写 parse_tags 函数，完成实体类型解码

```python
def parse_tags(text, path):
    tags = [id2tag[idx] for idx in path]
    begin = 0
    res = []
    for idx, tag in enumerate(tags):
        # 将连续的同类型的字连接起来
        if tag.startswith("B"):
            begin = idx
        # 标签以 E 开头
        elif tag.startswith("E"):
            end = idx
            word = text[begin:end + 1]
            label = tag[2:]
            res.append((word, label))
        # 标签为 O
        elif tag  'O':
            res.append((text[idx], tag))
    return res
```

步骤三：编写 Config 类，完成超参数的配置

```python
class Config:
    embedding_dim = 100       # 词向量的维度
    hidden_dim = 200          # 隐藏层数量
    vocab_size = len(word2id) # 词汇表中的总单词数
    num_tags = len(tag2id)    # 标签数量
    dropout = 0.2
    lr = 0.001                # 学习率
    weight_decay = 1e-5
```

步骤四：编写 utils_to_train 函数，实现数据集的批量加载

```python
def utils_to_train():
    # 超参数设置
    device = torch.device('cpu')
    max_epoch = 1
    batch_size = 32
```

```
num_workers = 4
# 训练集，验证集，测试集
train_dataset = NERDataset(x_train, y_train)
valid_dataset = NERDataset(x_valid, y_valid)
test_dataset = NERDataset(x_test, y_test)
# 批量读取数据
train_data_loader = DataLoader(train_dataset,
                         batch_size=batch_size,
                         shuffle=True,
                         num_workers=num_workers)
valid_data_loader = DataLoader(valid_dataset,
                         batch_size=batch_size,
                         shuffle=True, num_workers=num_workers)
test_data_loader = DataLoader(test_dataset, batch_size=batch_size,
                         shuffle=True, num_workers=num_workers)
# 配置信息
config = Config()
model = NERLSTM_CRF(config).to(device)
optimizer = op.Adam(model.parameters(), lr=config.lr,
                 weight_decay=config.weight_decay)
return max_epoch, device, train_data_loader,\
      valid_data_loader, test_data_loader, optimizer, model
```

（4）编写 train.py 源码文件，完成 BiLSTM-CRF 的训练和预测。

步骤一：导入模块，设置全局变量

```
import torch
from utils import load_data
from utils import utils_to_train
from utils import parse_tags
from sklearn.metrics import classification_report

word2id = load_data()[0]
max_epoch, device, train_data_loader, \
valid_data_loader, test_data_loader, \
optimizer, model = utils_to_train()
```

步骤二：编写中文命名实体识别类，完成模型的训练、预测

```python
class ChineseNER(object):
    def train(self):
        for epoch in range(max_epoch):
            model.train()                                    # 训练模式
            for index, batch in enumerate(train_data_loader):
                optimizer.zero_grad()                        # 梯度归零
                x = batch['x'].to(device)                    # 训练数据-->gpu
                mask = (x > 0).to(device)
                y = batch['y'].to(device)
                loss = model.log_likelihood(x, y, mask)      # 前向计算损失
                loss.backward()                              # 反向传播
                torch.nn.utils.clip_grad_norm_(
                    parameters=model.parameters(),
                    max_norm=10)                             # 梯度裁剪
                optimizer.step()                             # 更新参数
                if index % 200   0:
                    print('epoch:%5d,--loss:%f' %(epoch, loss.item()))
        # 验证损失和精度
        aver_loss = 0
        preds, labels = [], []
        for index, batch in enumerate(valid_data_loader):
            model.eval()                                     # 验证模式
            # 验证数据-->gpu
            val_x, val_y = batch['x'].to(device),\
            batch['y'].to(device)
            val_mask = (val_x > 0).to(device)
            predict = model(val_x, val_mask)
            # 前向计算损失
            loss = model.log_likelihood(val_x, val_y, val_mask)
            aver_loss += loss.item()
            leng = []
            # 统计非0的标签，也就是真实标签的长度
            for i in val_y.cpu():
                tmp = []
                for j in i:
                    if j.item() > 0:
                        tmp.append(j.item())
```

```
                leng.append(tmp)
            for index, i in enumerate(predict):
                preds += i[:len(leng[index])]
            for index, i in enumerate(val_y.tolist()):
                labels += i[:len(leng[index])]
        # 损失值与评测指标
        aver_loss /= (len(valid_data_loader) * 64)
        report = classification_report(labels, preds)
        print(report)
        torch.save(model.state_dict(), 'params.pkl')
# 预测，输入为单句，输出为对应的单词和标签
def predict(self, input_str=""):
    # 加载训练好的模型
    model.load_state_dict((torch.load("params.pkl")))
    model.eval()
    # 文本向量化
    if not input_str:
        input_str = input("请输入文本：")

    input_vec = []
    for char in input_str:
        if char not in word2id:
            input_vec.append(word2id['[unknown]'])
        else:
            input_vec.append(word2id[char])
    # 模型预测及掩码
    sentences = torch.tensor(input_vec).view(1,-1).to(device)
    mask = sentences > 0
    # 前向计算
    paths = model(sentences,mask)
    # 对实体类别进行解码
    res = parse_tags(input_str, paths[0])
    return res
# 在测试集上评判性能
def test(self, test_dataloader):
    model.load_state_dict(torch.load("params.pkl"))
    aver_loss = 0
    preds, labels = [], []
    for index, batch in enumerate(test_dataloader):
```

```
        model.eval()                                # 验证模式
        # 验证数据-->gpu
        val_x, val_y = batch['x'].to(device), batch['y'].to(device)
        val_mask = (val_x > 0).to(device)
        predict = model(val_x, val_mask)
        # 前向计算损失
        loss = model.log_likelihood(val_x, val_y, val_mask)
        aver_loss += loss.item()
        # 统计非0的，也就是真实标签的长度
        leng = []
        for i in val_y.cpu():
            tmp = []
            for j in i:
                if j.item() > 0:
                    tmp.append(j.item())
            leng.append(tmp)
        for index, i in enumerate(predict):
            preds += i[:len(leng[index])]
        for index, i in enumerate(val_y.tolist()):
            labels += i[:len(leng[index])]
    # 损失值与评测指标
    aver_loss /= len(test_dataloader)
    report = classification_report(labels, preds)
    print(report)
```

步骤三：主函数处理

```
if __name__ '__main__':
    print("Beigin...")
    cn = ChineseNER()
    cn.train()
    res = cn.predict("寒武纪在北京举办2022春季专场招聘会")
    print(res)
```

步骤四：运行代码

使用如下命令运行实验代码。

```
python train.py
```

通过执行上述代码，训练过程共需要执行5轮次，程序结束后在控制台输出的结果如下所示:

```
Beigin...
```

```
epoch:    0,--loss:1388.178345
epoch:    0,--loss:282.424591
epoch:    0,--loss:156.974762
…
…
[('寒武纪', 'nt'), ('在', 'O'), ('北京', 'ns'), ('举', 'O'), ('办', 'O'),
('2', 'O'), ('0', 'O'), ('2', 'O'), ('2', 'O'), ('春', 'O'), ('季', 'O'), ('
专', 'O'), ('场', 'O'), ('招', 'O'), ('聘', 'O'), ('会', 'O')]

Process finished with exit code 0
```

4. 实验小结

在本章中使用 BiLSTM-CRF 实现了 NER 的任务，从程序运行结果可以看出。与 HMM 相比，BiLSTM-CRF 能识别出句子中包含的地名信息和机构名信息。在后续的章节中，我们将介绍如何使用其他的深度学习算法完成命名实体识别任务。

本章总结

- 本章介绍了 BiLSTM-CRF 的基本概念和原理。
- 本章介绍了 BiLSTM-CRF 构建 NER 任务的具体流程。
- 本章介绍了基于 BiLSTM-CRF 的中文命名实体识别的综合案例。

作业与练习

1．[单选题] LSTM 网络中的遗忘门使用的激活函数是（　　　）。
　　A．sigmoid　　　　　　　　　　B．Tanh
　　C．Relu　　　　　　　　　　　　D．softmax
2．[多选题] 以下属于循环神经网络的是（　　　）。
　　A．VGG　　　　　　　　　　　　B．Bi-LSTM
　　C．Reset　　　　　　　　　　　　D．RNN
3．[单选题] 条件随机场算法的简称为（　　　）。
　　A．SVM　　　　　　　　　　　　B．CRF
　　C．HMM　　　　　　　　　　　　D．GMM

4．[多选题] 以下神经网络中，（　　　）神经网络含有反馈连接。

    A．CNN
                 B．Reset

    C．RNN
                 D．BiLSTM

5．[多选题]下列（　　　）算法可以用于实现命名实体识别。

    A．HMM
                 B．CRF

    C．LSTM
                 D．BiLSTM-CRF

NLP-11-c-001

第 4 部分　预训练模型

近年来，预训练模型在自然语言处理、视觉等多个领域都取得了显著效果。基于预训练模型，利用特定任务的标注样本进行模型微调，通常可以在下游任务取得非常好的效果。本部分内容将利用预训练模型相关的技术解决自然语言处理的问题，如命名实体识别、文本分类、文本相似度和情感分析等。这一部分内容包括第 12~15 章，具体内容如下。

（1）第 12 章介绍 ALBERT 的命名实体识别。首先介绍预训练模型的基本概念和经典的预训练模型，其次介绍预训练 Hugging Face 的使用和案例实现，最后介绍基于 ALBERT 的中文命名实体识别案例。

（2）第 13 章介绍 Transformer 的文本分类。首先介绍 Transformer 的基本框架和总体结构，其次介绍了 Self-attention 机制，最后介绍基于 Transformer 的文本分类案例。

（3）第 14 章介绍 BERT 的文本相似度计算。首先介绍文本相似度，其次介绍 BERT 文本相似度，最后介绍基于 BERT 的文本相似度计算案例。

（4）第 15 章介绍 ERNIE 的情感倾向分析。本章首先介绍情感分析，其次介绍 ERNIE，最后介绍基于 ERNIE 的中文情感分析案例。

第 12 章

ALBERT 的命名实体识别

本章目标

- 了解预训练模型的基本概念。
- 熟悉经典的预训练模型及其特点。
- 掌握训练模型的使用方法。
- 理解 ALBERT 的原理和特点。
- 掌握 ALBERT 实现 NER 的方法。

深度学习模型在自然语言处理中有很多困境，如缺少大规模的标注数据，数据标注代价太高等。目前，NLP 中的多数任务均采用了基于预训练模型的技术。预训练模型（Pre-Trained Language Models ，PLMs）的出现将自然语言处理带入了一个新的阶段，它使得自然语言处理从原来的手工调参、依靠机器学习专家的阶段，进入了大规模、可复制的工业实施阶段。预训练模型也从单语言扩展到多语言、多模态。

本章将介绍预训练模型的相关技术，包括预训练模型的基本概念和经典的预训练模型。重点介绍 ALBERT 的原理及其特点，最后使用 ALBERT 实现中文命名实体识别。

本章包含的实验案例如下。

- 基于 ALBERT 的命名实体识别：使用 ALBERT 实现中文命名实体识别，具体包括预训练模型构建词向量，并使用 Hugging face 训练、测试和评估 ALBERT。

12.1　预训练模型简介

NLP-12-v-001

12.1.1　预训练模型的基本概念

语言模型是指一个文本序列是句子的概率。预训练模型是指利用大量的文本进行训练，使得模型在这些文本中学习到每个单词的概率分布，进而学习到文本分布的语言模型。语言模型的标签即上下文，这就决定了我们可以使用大规模的语料来训练语言模型。预训练模型也通过大规模的语料获得了强大的能力，进一步在下游相关任务上取得了出色的效果。

早期预训练模型的目标是学习词嵌入（词向量）表示。图 12.1 所示为词向量常见的表示方法。例如，词向量模型 NNLM 和 Skip-Gram 可以学习到单词的向量表示，但是它们都是与上下文无关的，不能捕获句子的语法和语义信息。

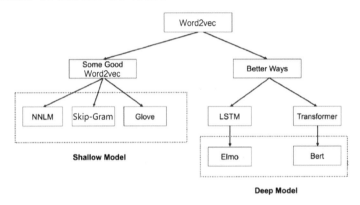

图 12.1　词向量常见的表示方法

随着计算能力的进一步提高，NLP 的研究更加重视上下文语义的词嵌入表示和语言模型在大规模语料库上的训练。经过人们的研究，一系列经典的预训练模型相继出现，如 ELMo、Transformer、GPT 和 BERT 等，这些模型极大地推动了 NLP 的进步。

12.1.2　经典的预训练模型

ELMo 是一种基于特征融合的预训练模型，该模型通过深层双向的 LSTM 网络来构建文本表示，有效解决了一词多义问题。图 12.2 所示为 ELMo 示意图。

ELMo 采用了双向的两层 LSTM，这相比单向的语言模型，更能捕捉上下文的相关信息。ELMo 也在上下文之间采用残差连接，加强了梯度的传播，能有效提升模型的性能。但 ELMo 也有局限性，由于其抽取特征时采用的是 LSTM 网络，所以 ELMo 是无法并行运算的。

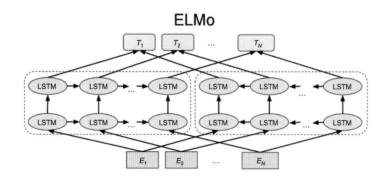

图 12.2　ELMo 示意图

ELMo 的提出让工业界认识到了预训练模型的威力，与此同时，Transformer 的提出更是促进了预训练模型的发展。在此基础上，OpenAI 提出了 GPT。GPT 包含两个阶段：第一阶段利用无监督的预训练语言模型进行预训练，学习神经网络的初始参数；第二阶段通过有监督的微调模式解决下游任务，这是一种半监督的方法，结合了非监督的预训练模型和监督的微调模型。图 12.3 所示为 GPT 结构图。

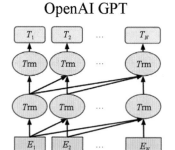

图 12.3　GPT 结构图

GPT 采用了 Transformer 中的解码器结构，它堆叠了 12 个 Transformer 子层，这一点与 ELMo 使用的 LSTM 作为特征抽取器也是不同的，因此 GPT 在训练时可以采用并行的方式，运算效率提高了很多。尽管 GPT 在自然语言处理的 9 项典型任务中都取得了很好的效果，但 GPT 本质上仍然是一种单项的语言模型，对语义信息的建模能力有限。

预训练模型的集大成者是 BERT，它在 11 项 NLP 任务中均取得了较好的结果。Bert 也属于微调模型结构，该模型也通过堆叠 Transformer 子结构构建基础模型，BERT 结构如图 12.4 所示。与 GPT 不同的是，BERT 使用基于 Transformer 的双向预训练语言模型，同时 BERT 还通过 Masked Language Model(MLM)完成深层双向联合的目的。

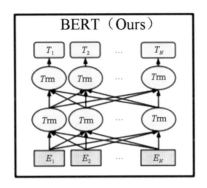

图 12.4　BERT 结构

BERT 的出现使 NLP 的研究进入了一个新阶段，此后出现了大量的预训练语言模型。基于 BERT 改进的模型包括 ERINE、SpanBERT、RoBERTa 和 ALBERT 等。表 12.1 所示为预训练模型对比总结。

表 12.1　预训练模型对比总结

模　　型	语言模型	编　码　器	主　要　特　点
ELMo	LM	LSTM	两个单项语言模型的拼接
GPT	LM	Decoder	首次将 Transformer 应用于预训练模型
BERT	MLM	Encoder	MLM 获取上下文相关的双向特征表示
RoBERTa	E-MLM	Encoder	在预训练过程中采用动态 mask
SpanBERT	E-MLM	Encoder	采用随机 mask
ERINE	E-MLM	Encoder	将实体向量与文本表示融合
ALBERT	E-MLEM	Encoder	提出参数优化策略

从表 12.1 可以看出，多数预训练模型都是基于 BERT 改进的。ALBERT 通过参数优化策略减少内存消耗并提高了训练速度，在本章的案例中我们将使用 ALBERT 完成中文命名实体识别综合案例。

12.2　预训练模型 Hugging Face

12.2.1　Hugging Face 简介

Hugging Face 是一家总部位于纽约的聊天机器人初创服务商，开发的应用在青少年中颇受欢迎。相比其他公司，Hugging Face 更加注重产品带来的情感体验。Hugging Face 的转变主要来源于它在 NLP 领域的贡献。在 Google 发布 Bert 模型不久之后，Hugging Face 贡献了一个基于 PyTorch 的 Bert 预训练模型，即 pytorch-pretrained-bert，于是 Hugging Face 也随着 NLP 模型的发展不断扩张。如今，Hugging Face 整合了他们贡献的 NLP 领域的预训练模型，发布了预训练模型库 Transformers。

　　预训练模型库 Transformers 在 github 上有超过 58 000 个 star。Transformers 提供了 NLP 领域大量先进的预训练语言模型结构的模型和调用框架。图 12.5 所示为目前 Hugging Face 的应用，包括问答系统(Question Answering)、文本分类(Text Classification)、文本生成(Text Generation)、零样本分类（Zero-Shot Classification）和文本相似度计算度（Sentence Similarity）等。

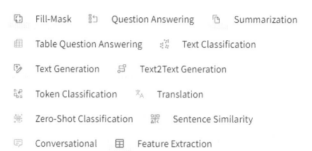

图 12.5　目前 Huging Face 的应用

12.2.2　案例实现——使用 Hugging Face 完成情感分析

NLP-12-v-002

1. 实验目标

掌握 Hugging Face 的使用方法，使用 Transformers 完成情感分类。

2. 实验环境

Hugging Face 实验环境如表 12.2 所示。

表 12.2　Hugging Face 实验环境

硬　　件	软　　件	资　　源
PC/笔记本电脑	Windows 10/Ubuntu 18.04 Transformers 2.10.0	无

3. 实验步骤

该项目由 1 个代码文件组成，sentiment.py 使用预训练模型 Transformers 完成了情感分析。按照如下步骤分别编写代码。

编写 sentiment.py，实现情感分类。

步骤一：导入模块，设置全局变量

```
from transformers import pipeline
classifier = pipeline("sentiment-analysis")
```

步骤二：分别完成正向情感和负向情感的计算

```
result = classifier("I hate you")[0]
print(f"label: {result['label']}, "
      f"with score: {round(result['score'], 4)}")
# 负向情感
result = classifier("I love you")[0]
print(f"label: {result['label']}, "
      f"with score: {round(result['score'], 4)}")
```

步骤三：运行代码

使用如下命令运行实验代码。

```
python sentiment.py
```

通过执行上述代码，程序结束后在控制台输出的结果如下所示：

```
2022-03-01 14:16:46.649458: W tensorflow/stream_executor/platform/
default/dso_loader.cc:59] Could not load dynamic library 'cudart64_101.dll';
dlerror: cudart64_101.dll not found
2022-03-01 14:16:46.649699: I tensorflow/stream_executor/cuda/
cudart_stub.cc:29] Ignore above cudart dlerror if you do not have a GPU set
up on your machine.
Downloading: 100%|████████████| 230/230 [00:00<00:00, 46.1kB/s]
label: NEGATIVE, with score: 0.9991
label: POSITIVE, with score: 0.9999
```

4. 实验小结

本节通过一个简单的情感分析案例介绍了 Hugging Face 预训练模型的使用方法，通过 Transformers 工具库可以快速实现文本的情感分析。我们将在下一节中使用 Transformers 实现中文命名实体识别。

12.3 案例实现——ALBERT 的中文命名实体识别

NLP-12-v-003

1. 实验目标

（1）了解 ALBERT 的基本原理。

（2）掌握 ALBERT 命名实体识别的具体步骤。

（3）掌握用 ALBERT 实现命名实体识别的方法。

2. 实验环境

ALBERT 的 NER 实验环境如表 12.3 所示。

表 12.3 ALBERT 的 NER 实验环境

硬　　件	软　　件	资　　源
PC /笔记本电脑	Windows 10/Ubuntu 18.04 Python 3.7.3 torch 1.8.0 transformers 2.10.0	数据集：renmin4.txt

3. 实验步骤

该项目主要由 5 个代码文件组成，分别为 data_process_input.py、data_process_pads.py、data_process_tensor.py、albert_model_create.py 和 albert_model_train.py，具体功能如下。

（1）data_process_input.py：读取 renmin4.txt 文件，加载数据。

（2）data_process_pads.py：文本向量表示化，将输入数据处理为长度相同的数据。

（3）data_process_tensor.py：将输入数据转化为张量，并划分训练集和测试集。

（4）albert_model_create.py：创建 ALBERT。

（5）albert_model_train.py：完成 ALBERT 的训练、保存。

首先创建项目工程目录 ner_albert_crf，在此目录下创建源码文件 data_process_input.py、data_process_pads.py、data_process_tensor.py、albert_model_create.py、albert_model_train.py，以及目录文件 data 和 albert_chinses_xlarge，分别用于存储 renmin4.txt 数据文件和 ALBERT 的预训练模型文件。

ALBERT 的命名实体识别目录结构如图 12.6 所示。

按照如下步骤分别编写代码。

（1）编写 data_process_input.py，加载数据。

albert_chinese_xlarge	文件夹		
data	文件夹		
albert_model_create.py	Python File	2 KB	
albert_model_train.py	Python File	6 KB	
data_process_input.py	Python File	2 KB	
data_process_pads.py	Python File	2 KB	
data_process_tensor.py	Python File	2 KB	

图 12.6　ALBERT 的命名实体识别目录结构

步骤一：导入模块

```python
import codecs
from transformers import BertTokenizer # 导入 bert 模型
```

步骤二：编写 get_input_data 函数，完成数据加载，并将标签排序

```python
def get_input_data(model_path, file_path):
    tokenizer = BertTokenizer.from_pretrained(model_path)
    input_data = codecs.open(file_path, 'r', 'utf-8')
    # 1. 将标注子句拆分成字列表和对应的标注列表
    datas = []
    labels = []
    tags = set()
    # 2. 遍历 renmin4.txt 获取输入数据
    for line in input_data.readlines():
        linedata = list()
        linelabel = list()
        line = line.split()
        numNotO = 0
        for word in line:
            word = word.split('/')
            linedata.append(word[0])
            linelabel.append(word[1])
            tags.add(word[1])
            if word[1] != 'O':          # 标注全为 O 的子句
                numNotO += 1
        if numNotO != 0:               # 只保存标注不全为 O 的子句
            datas.append(linedata)
            labels.append(linelabel)
    input_data.close()
    # 3. 将标签排序
    tags = [
```

```
        'B_ns', 'M_ns', 'E_ns', 'B_nr', 'M_nr',
        'E_nr', 'B_nt', 'M_nt', 'E_nt',
        'O',
    ]
    tag2id = {tag: idx for idx, tag in enumerate(tags)}
    id2tag = {idx: tag for idx, tag in enumerate(tags)}
    return tokenizer, datas, labels, tag2id, id2tag
```

（2）编写 data_process_pad.py，实现文本向量表示。

步骤一：导入模块，编写 pad_sequences，完成数据长度的填充和截取

```python
def pad_sequences(sequences, maxlen=None, dtype='int64',
                  padding='post', truncating='post', value=0.):
    num_samples = len(sequences)
    lengths = [len(sample) for sample in sequences]
    if maxlen is None:
        maxlen = np.max(lengths)
    x = np.full((num_samples, maxlen), value, dtype=dtype)
    for idx, s in enumerate(sequences):
        if not len(s):
            continue
        if truncating  'pre':
            trunc = s[-maxlen:]
        elif truncating  'post':
            trunc = s[:maxlen]
        else:
            raise ValueError('Truncating type '
                             '"%s" ''not understood' % truncating)
        trunc = np.asarray(trunc, dtype=dtype)
        if padding  'post':
            x[idx, :len(trunc)] = trunc
        elif padding  'pre':
            x[idx, -len(trunc):] = trunc
        else:
            raise ValueError('Padding type'
                             ' "%s" not understood' % padding)
    return x
```

步骤二：编写 get_input_ids 函数，实现文本向量化表示

```
def get_input_ids(datas, tokenizer, labels, tag2id):
    # 1. 输入向量
    input_ids = pad_sequences(
        [tokenizer.convert_tokens_to_ids(seq) for seq in datas],
        maxlen=60,
    )
    # 2. 训练目标序列
    tags = pad_sequences(
        [[tag2id[l] for l in seq] for seq in labels],
        maxlen=60,
        value=0.,
    )
    # 3. 掩码，表示哪些元素是填充的
    masks = (input_ids != 0).astype(np.float)  # float 类型
    return input_ids, tags, masks
```

（3）编写 data_process_tensor.py，划分训练集和测试集。

步骤一：导入模块

```
import torch
from torch.utils.data import TensorDataset, \
    DataLoader, RandomSampler, SequentialSampler
from sklearn.model_selection import train_test_split
```

步骤二：编写 utils 函数，完成数据划分

```
def utils(input_ids, tags, masks):
    # 1. 拆分数据集、训练、验证
    tr_inputs, val_inputs, tr_tags, val_tags, \
    tr_masks, val_masks =  train_test_split(input_ids,tags,masks,
random_state=2018,
test_size=0.25)
    # 2. 转换成 torch 张量 input_ids , 数据类型: torch.LongTensor
    tr_inputs = torch.tensor(tr_inputs)
    val_inputs = torch.tensor(val_inputs)
    # 3. labels, 数据类型: torch.LongTensor
    tr_tags = torch.tensor(tr_tags)
val_tags = torch.tensor(val_tags)
    # 4. attention_mask, 数据类型: torch.FloatTensor
```

```
tr_masks = torch.tensor(tr_masks)
val_masks = torch.tensor(val_masks)
# 5. 创建批量数据集
bs = 32
train_data = TensorDataset(tr_inputs, tr_masks, tr_tags)
train_sampler = RandomSampler(train_data)
train_dataloader = DataLoader(train_data,
                              sampler=train_sampler,
                              batch_size=bs)
valid_data = TensorDataset(val_inputs, val_masks, val_tags)
valid_sampler = SequentialSampler(valid_data)
valid_dataloader = DataLoader(valid_data,
                              sampler=valid_sampler,
                              batch_size=bs)
return train_dataloader, valid_dataloader
```

（4）编写 albert_model_create.py 源码文件，完成 ALBERT 的创建。

步骤一：导入模块

```
import torch
from transformers import AdamW  # 优化器
# ALBERT 分类模型
from transformers import AlbertForTokenClassification
# 学习率
from transformers import get_linear_schedule_with_warmup
```

步骤二：编写 create_model 函数，完成 ALBERT 创建及参数设置

```
def create_model(model_path, id2tag, train_dataloader):
    model = AlbertForTokenClassification.from_pretrained(
        model_path,num_labels=len(id2tag),
        output_attentions=False,
        output_hidden_states=False
    )
    # 1. 优调整个模型
    FULL_FINETUNING = True
    if FULL_FINETUNING:
        param_optimizer = list(model.named_parameters())
        no_decay = ['bias', 'gamma', 'beta']
        optimizer_grouped_parameters = [{
            'params':
```

```
            [p for n, p in param_optimizer if
             not any(nd in n for nd in no_decay)],
        'weight_decay_rate':
            0.01
    }, {
        'params':
            [p for n, p in param_optimizer
             if any(nd in n for nd in no_decay)],
        'weight_decay_rate':
            0.0
    }]
# 2. 仅仅训练最顶层的分类层
else:
    param_optimizer = list(model.classifier.named_parameters())
    optimizer_grouped_parameters = [{
        "params": [p for n, p in param_optimizer]
    }]
# 优化器
optimizer = AdamW(optimizer_grouped_parameters,
              lr=3e-5, eps=1e-8)
epochs = 2
max_grad_norm = 1.0
# 总的训练次数
total_steps = len(train_dataloader) * epochs
# 学习率规划
scheduler = get_linear_schedule_with_warmup(
    optimizer,
    num_warmup_steps=0,
    num_training_steps=total_steps,
)
device = torch.device("cuda" if torch.cuda.is_available()
                  else "cpu")
return model,optimizer,max_grad_norm,scheduler,device,epochs
```

5）编写 albert_model_train.py 源码文件，完成 ALBERT 的训练。

步骤一：导入模块

```
import torch
from tqdm import trange
```

```python
from sklearn.metrics import f1_score, accuracy_score,
classification_report
from data_process_input import get_input_data
from data_process_pads import get_input_ids
from data_process_tensor import utils
from albert_model_create import create_model
```

步骤二：编写 train 函数，完成 ALBERT 的训练

```python
def train(epochs, model, train_dataloader, device,
          max_grad_norm, optimizer, scheduler,
          valid_dataloader, id2tag, tokenizer):
    # 记录每一周次训练完的平均损失和验证损失
    loss_values, validation_loss_values = [], []
    for epoch in trange(epochs, desc="Epoch"):
        model.train()           # 训练模式
        total_loss = 0          # 损失
        # 训练循环
        for step, batch in enumerate(train_dataloader):
            # 数据 gpu
            batch = tuple(t.to(device) for t in batch)
            b_input_ids, b_input_mask, b_labels = batch
            # 梯度清零
            model.zero_grad()
            # 前向计算，获得损失
            outputs = model(
                b_input_ids,
                token_type_ids=None,
                attention_mask=b_input_mask,
                labels=b_labels
            )
            loss = outputs[0]
            loss.backward()                 # 反向传播
            total_loss += loss.item()       # 累加损失
            # 梯度裁剪，防止梯度爆炸
            torch.nn.utils.clip_grad_norm_(parameters=model.parameters(),
                                max_norm=max_grad_norm)
            optimizer.step()                # 更新参数
            scheduler.step()                # 更新学习率
            if step % 100  0:
```

```
        print("Epoch: {}, Step: {}, Train loss: {}".format(
            epoch, step, total_loss / (step + 1)))
# 计算每一训练循环的平均损失
avg_train_loss = total_loss / len(train_dataloader)
print("Epoch: {}, Average train loss: "
      "{} ".format(epoch, avg_train_loss))
loss_values.append(avg_train_loss)
model.eval()                          # 验证模式
eval_loss, eval_accuracy = 0, 0       # 验证损失及验证精度
predictions, true_labels = [], []
for batch in valid_dataloader:
    batch = tuple(t.to(device) for t in batch)
    b_input_ids, b_input_mask, b_labels = batch
    # 验证时，不更新梯度
    with torch.no_grad():
        outputs = model(
            b_input_ids,
            token_type_ids=None,
            attention_mask=b_input_mask,
            labels=b_labels
        )
    # 数据移动到 cpu 上
    logits = outputs[1].detach().cpu()
    label_ids = b_labels.to('cpu')
    b_input_mask = b_input_mask.to('cpu')
    # 累加损失值
    eval_loss += outputs[0].mean().item()
    # 预测标签
    b_preds = torch.argmax(logits, dim=2)
    predictions.append(b_preds.masked_select
                (b_input_mask.bool()))
    true_labels.append(label_ids.masked_select
                (b_input_mask.bool()))
eval_loss = eval_loss / len(valid_dataloader)
validation_loss_values.append(eval_loss)
print("Validation loss: "
      "{} at epoch {}".format(eval_loss, epoch))
predictions = torch.cat(predictions)
true_labels = torch.cat(true_labels)
```

```
# 计算精度
pred_tags = [id2tag[idx] for idx in predictions.tolist()]
valid_tags = [id2tag[idx] for idx in true_labels.tolist()]
print("Validation Accuracy: {}at epoch {}".format(
    accuracy_score(valid_tags, pred_tags), epoch))
print("Validation F1-Score: {}at epoch {}".format(
    f1_score(valid_tags, pred_tags, average='macro'), epoch))
valid_report = classification_report(valid_tags, pred_tags)
print(valid_report)
torch.save(model.state_dict(), "pytorch_model.bin")
```

步骤三：主函数处理

```
def main():
    model_path = "albert_chinese_xlarge"
    file_path = "./data/renmin4.txt"
    tokenizer, datas, labels, tag2id, id2tag\
        = get_input_data(model_path, file_path)
    print(len(datas))
    input_ids, tags, masks \
        = get_input_ids(datas, tokenizer, labels, tag2id)
    print(tags.shape)
    print(labels[999])
    print([id2tag[idx] for idx in tags[999]])
    train_dataloader, valid_dataloader = utils(input_ids, tags, masks)
    model, optimizer, max_grad_norm, scheduler, \
    device, epochs = create_model(model_path, id2tag, train_dataloader)
    train(epochs, model, train_dataloader,
        device, max_grad_norm, optimizer,
        scheduler, valid_dataloader, id2tag,
        tokenizer)
if __name__  '__main__':
    main()
```

步骤四：运行代码

使用如下命令运行实验代码。

```
python train.py
```

通过执行上述代码，程序在控制台输出的结果如下所示。预训练模型的执行时间较长时，应使用 GPU 执行算法。

```
Epoch: 1, Step: 100, Train loss: 0.017105176291914916
..
Epoch: 1, Step: 800, Train loss: 0.01353905461490946
Epoch: 1, Average train loss: 0.012917253602479053
Validation loss: 0.14671884586792344 at epoch 1
Validation Accuracy: 0.9764825449169888at epoch 1
Validation F1-Score: 0.9521035460490646at epoch 1
```

4. 实验小结

本章使用 ALBERT 实现了 NER 的任务。从程序运行结果可以看出，模型验证集的准确率达到了 97.65%，效果优于 HMM 和 BiLSTM-CRF。在后续的章节中，我们将使用预训练模型完成其他的 NLP 任务。

本章总结

- 本章介绍了预训练模型的基本概念和发展历程。
- 本章介绍了经典的预训练模型及其特点。
- 本章介绍了预训练模型 Hugging Face 的使用方法。
- 本章介绍了基于 ALBERT 的中文命名实体识别的综合案例。

作业与练习

1．[多选题] 预训练模型的优点是（　　　）。

A．获得通用语言表述

B．获得一个好的初始化

C．预训练可以看作一种正则化方法

D．并行计算

2．[单选题] 以下关于 Transformer 的说法正确的是（　　　）。

A．Transformer 是基于 Encoder 的框架

B．Transformer 中的 self-attention 可解决长距离依赖问题

C．Transformer 不能并行运算

D．Tranformer 是权重静态的全连接网络

3．[多选题] 关于 Bert 说法正确的是（　　）。

A．Bert 使用 Masked LM（MLM）来达到深层双向联合训练的目的

B．Bert 是 Transformer 的 decoder 阶段

C．Bert 是单向的语言模型

D．Bert 可以用于实现命名实体识别

4．[多选题] 关于 GPT 说法正确的是（　　）。

A．GPT 是单向的语言模型

B．GPT 是 Transformer 的 encoder 阶段

C．GPT 不可以使用并行计算

D．GPT 优于 BERT

5．[多选题]（　　）算法可以用于实现命名实体识别。

A．ALBERT

B．CRF

C．HMM

D．BiLSTM-CRF

NLP-12-c-001

第 13 章

Transformer 的文本分类

本章目标

- 了解 Transformer 的基本概念。
- 熟悉 Transformer 的原理和网络结构。
- 了解位置编码和 Layer Normalization 的作用。
- 理解多头注意力机制的原理。
- 掌握 Transformer 的实现过程。

自然语言处理的高级任务包含文本相似度计算、文本分类等。而要完成高级任务首先要解决文本的表示问题。在第 2 章中，我们介绍了词向量技术的内容，如 NNLM、CBOW 和 Skip-Gram 等词向量模型可以学习单词的语义信息，但是它们都属于浅层模型，无法学习句子的上下文信息。为了解决这个问题，研究者提出了预训练模型，即用一个通用模型，在大规模的数据集上进行训练，然后在特定的任务上进行微调，Transformer 就是预训练模型的关键技术。本章将介绍 Transformer 的基本概念、原理和网络结构，然后使用 Transformer 技术进行中文文本分类。

本章包含的实验案例如下。

- 基于 Transformer 的中文文本分类：使用 PyTorch 框架搭建 Transformer 网络，并利用 Transformer 网络实现文本分类，评估其模型，对输入的新文本判断其分类结果。

13.1　Transformer 概述

13.1.1　Encoder–Decoder 模型

所谓 Encoder-Decoder 模型，又称为编码-解码模型。这是一种应用于 seq2seq 序列问题的模型。简单来说，就是根据一个输入序列 x，生成另一个输出序列 y。序列模型 seq2seq 有很多的应用，如机器翻译、自动文摘、问答系统等。在机器翻译中，输入序列是待翻译的源语言，输出序列是翻译后的目标语言；在问答系统中，输入序列是问题，而输出序列是答案。

Encoder-Decoder 模型就是为了解决 seq2seq 序列问题而提出的。图 13.1 所示为 seq2seq 序列模型示意图。编码是指将输入序列转化成一个固定长度的向量，解码是指将之前生成的固定向量再转化成输出序列。

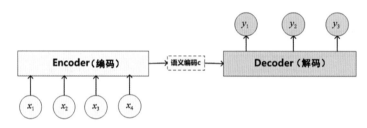

图 13.1　seq2seq 序列模型示意图

编码器和解码器在具体实现时都是不固定的，可以选择各种深度学习模型，如 RNN、LSTM 等。seq2seq 序列模型虽然功能强大，但是局限性也大。seq2seq 的主要缺点是输入文本与输出文本的长度匹配可能出现推理速度慢等问题。Transformer 就是为了解决 seq2seq 序列模型的缺点。

NLP-13-v-001

13.1.2　Transformer 简介

Transformer 是 Google 公司的团队在论文 *Attention is All You Need* 中提出的，最后在 2017 年的神经信息处理系统大会（NIPS）上发表。到 2022 年 3 月，Google 学术显示其引用量为 31 937 次，可见该模型受到了大家广泛关注和应用。Transformer 的创新点有以下几处。

（1）不同于以往主流机器翻译使用基于 RNN 的 seq2seq 模型框架，该论文用 attention 机制代替 RNN 搭建了整个模型框架。

（2）提出了多头注意力（Multi-Headed Attention）机制方法，在编码器和解码器中大量使用了多头自注意力机制。

（3）在 WMT2014 语料中的英德和英法任务上取得了先进结果，并且训练速度比主流模型更快。

Transformer 最早应用在机器翻译任务中，取得了很好的效果。目前 Transformer 已广泛应用于自然语言处理领域，如问答系统、文本摘要和文本分类等。同时它也是预训练模型的关键技术，预训练模型的集大成者 Bert 就是基于 Transformer 构建的。

NLP-13-v-002

13.1.3　Transformer 总体结构

我们可以将 Transformer 看作是一个黑盒。在机器翻译系统中，其输入是源语言的句子，输出是翻译后的目标语言，Transformer 黑盒示意图如图 13.2 所示。

图 13.2　Transformer 黑盒示意图

Transformer 是由 encoder 和 decoder 组成的，因此可以将 Transformer 的整体结构表示成如图 13.3 所示。

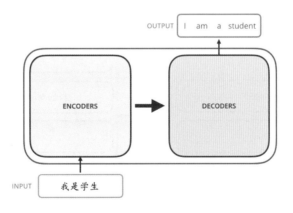

图 13.3　Transformer 的整体结构

其中 encoders 由 6 个相同的块儿组成，每个块儿由相同的结构组成。同样，decoders 也是由相同的 6 个块儿组成的。图 13.4 所示为 Transformer 的详细结构。

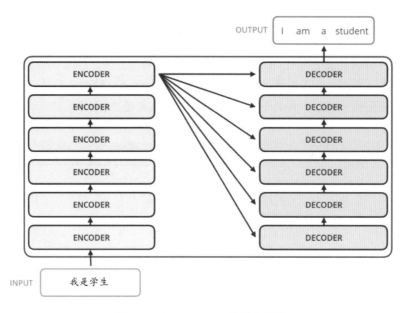

图 13.4　Transformer 的详细结构

Transformer 的 encoder 虽然有完全相同的结果，但是它们之间并不共享参数。每一个编码器的组成部分包含自注意力（Self-Attention）和前馈神经网络（Feed Forward）。encoder 的内部组成如图 13.5 所示。Feed Forward 也称为多层感知器，就是常见的全连接神经网络。Self-Attention 机制是 Transformer 的核心，代替了传统的 seq2seq 的序列模型，提高了训练的速度。

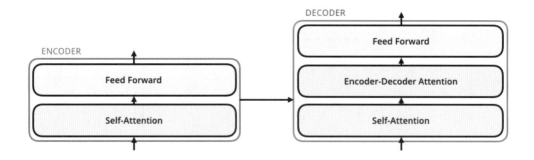

图 13.5　encoder 的内部组成

现在我们来看一下当输入的句子经过 encoder 时，数据是如何流经各个组件并输出的。首先将输入的单词使用词向量（Word Embedding）算法转换成向量表示，Transformer 中的每个单词使用 512 维的向量表示，单词的向量表示如图 13.6 所示。

图 13.6　单词的向量表示

在对输入序列做文本向量化表示之后，它流经 encoder 的两个子层，Transformer 中数据的流向如图 13.7 所示。在这里我们可以看到 Transformer 中每个位置的词语仅通过它自己的编码器路径。

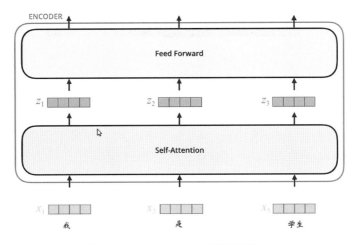

图 13.7　Transformer 中数据的流向

在 Self-Attention 中，这些路径有相互依赖的关系，而在前馈网络中则没有依赖关系，所以这些路径在通过前馈网络时可以并行计算。我们将在下一节中详细地介绍 Self-Attention 机制的内部原理。

13.2　Self-Attention 机制

13.2.1　Self-Attention 机制的原理

Self-Attention 机制源于人的视觉注意力，一幅图片中特别显眼的场景会率先吸引人的注意力，这是因为人类的大脑对这类信息很敏感。

注意力是神经科学理论的核心，该理论认为人们的注意力资源有限，因此大脑会自动提炼最有用的信息。比如在图 13.8 中我们会对图片中的兔子更感兴趣。简单来说，注意力可以让我们关注图片或文字的重点，从而可以更好地处理图片和文字的信息。Transformer 中使用的 Self-

Attention 机制，可以让网络获取更丰富的语义信息，从而可以获得更好的效果。

图 13.8 视觉注意力

13.2.2 Self-Attention 的计算过程

Transformer 的核心是计算词与词之间的注意力（Attention）得分。Attention 函数的本质可以描述为一个查询（Query，Q）到一系列键（Key，K）、值（Value，V）的映射。目前在 NLP 的研究中，Key 和 Value 常常是同一个，即 Key=Value。而 Self-Attention 的含义表示查询、键、值的映射也相同，即 Query=Key=Value。

在 Self-Attention 中采用了多头注意力机制（Mutli-Headed Attention），而多头注意力是由缩放点积的注意力机制（Scaled Dot-Product Attention）组成，多头注意力和缩放点积注意力计算图如图 13.9 所示。

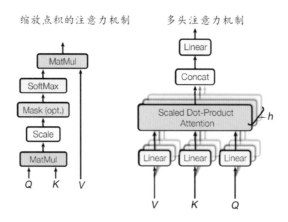

图 13.9 多头注意力和缩放点积注意力计算图

在图 13.9 中，**Q**、**K**、**V** 分别表示查询、键、值对应的矩阵，由初始化得到。根据图 13.9 的计算图可知，Transformer 中注意力的得分计算方式如式（13.1）所示。

$$\text{Attention}(\boldsymbol{Q}, \boldsymbol{K}, \boldsymbol{V}) = \text{softmax}(\frac{\boldsymbol{Q}\boldsymbol{K}^{\mathrm{T}}}{\sqrt{d_k}})\boldsymbol{V} \tag{13.1}$$

式（13.1）中的 $\boldsymbol{Q}$、$\boldsymbol{K}$、$\boldsymbol{V}$ 和计算图 13.9 中表示的含义相同。公式中除以 $\sqrt{d_k}$ 表示起到调节作用，使得内积相乘的结果不至于太大。该数值通常是 $\boldsymbol{Q}$、$\boldsymbol{K}$、$\boldsymbol{V}$ 矩阵的第一个维度的开方，在 Transformer 中使用的维度为 64，即 $\sqrt{d_k} = 8$。

13.2.3　位置编码和 Layer Normalization

Self-Attention 能帮助句子中的单词不仅仅关注当前的词语，从而能获得上下文的信息。但在 Transformer 的结构中，还缺少能够解释文本句子中单词顺序的方法，我们来解决这个问题，Transformer 给 encoder 和 decoder 的输入添加了一个位置编码（Positional Encoding）向量，该向量的维度和词向量的维度一致。位置编码向量的计算方法如式（13.2）所示。

$$\text{PE}(\text{pos}, 2i) = \sin(\text{pos} / 10\,000^{2i/d_{\text{model}}})$$
$$\text{PE}(\text{pos}, 2i + 1) = \cos(\text{pos} / 10\,000^{2i/d_{\text{model}}}) \tag{13.2}$$

式中，pos 是指当前句子重点位置；i 表示每个值对应的索引。

在偶数位置使用正弦编码，在奇数位置使用余弦编码。

最后将 Positional Encoding 和词向量的值相加，作为输入送到下一层。位置编码的表示如图 13.10 所示。

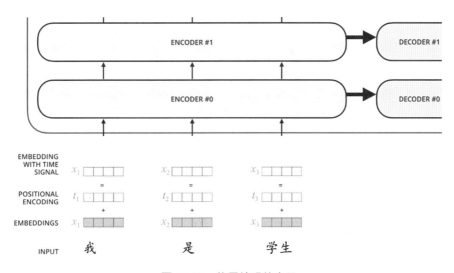

图 13.10　位置编码的表示

从图 13.10 中可以看出，输入数据"我是学生"首先经过词向量 Eembeding，然后和位置编码 Positional Encoding 相加后再送入 encoder 中，这就相当于句子中的单词包含了序列的信息。这使得 Transformer 可以学习到句子中单词的顺序。

在 Transformer 计算的过程中，数据经过每一个 Self-Attention 之后会接一个 Layer Normalization，Layer Normalization 机器作用如图 13.11 所示。此操作的具体作用是把输入数据转化成均值为 0、方差为 1 的标准化数据，其实就是将数据进行归一化操作，防止因数据的偏差导致过拟合。

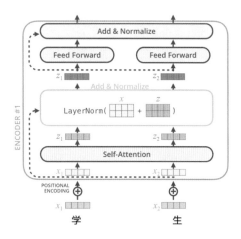

图 13.11　Layer Normalization 机器作用

到目前为止，我们已经学习了全部 encoder 的内容，Transformer 包含的两层 encoder-decoder 的内部结构如图 13.12 所示。

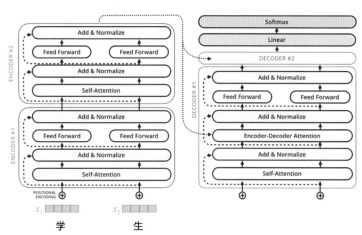

图 13.12　Transformer 包含的两层 encoder-decoder 的内部结构

综上所述，encoder 的具体组成部分包括 Word Embedding、Positional Encoding、Self-Attention、Layer Normalization 和 Feed Forward。以上就是关于 encoder 的全部内容，decoder 部分的内部原理也是相同的，区别是在 encoder 的基础上增加了一个子层，目的是和 encoder 输出的结果进行拼接，并完成最终的计算。在下一节中，我们将使用 Transformer 的 encoder 部分构建中文文本分类模型。

13.3　案例实现——Transformer 的文本分类

NLP-13-v-003

1.　实验目标

（1）理解 Transformer 的原理和网络结构。

（2）理解 Transformer 实现文本分类的具体步骤。

（3）掌握 Transformer 实现文本分类的方法。

2.　实验环境

Transformer 文本分类实验环境如表 13.1 所示。

表 13-1　Transformer 文本分类实验环境

硬　　件	软　　件	资　　源
PC／笔记本电脑	Windows 10/Ubuntu 18.04 Python 3.7.3 numpy 1.18.5 sikit-learn 0.24.2 torch 1.8.0 tqdm 4.61.2 tensorboardX 2.4.1	数据集：清华大学文本分类，该数据存放于 THUCNews/data 目录下 分类列表：class.txt 训练集：train.txt 验证集：dev.txt 测试集：test.txt

3.　实验步骤

该项目主要由 5 个代码文件组成，分别为 Transformer.py、utils.py、train.py、predict.py 和 run.py，具体功能如下。

（1）Tranformer.py：创建配置参数类 Config 和模型 Model，其中 Config 类完成配置参数的设置，Model 类完成 Transformer 模型的构建。

（2）utils.py：帮助文件，完成词汇表的构建、数据集的划分和批量数据的读取。

（3）train.py：完成 Transformer 的训练和评估。

（4）predict.py：完成 Transformer 的预测。

（5）run.py：主程序入口，启动文本分类项目的运行。

首先创建项目工程目录 text-classification，在 text-classification 目录下创建源码文件 utils.py、train.py、predict.py、run.py，以及目录文件 models 和 THUCNews。然后在 models 目录下创建 Transformer.py，同时在 THUCNews 目录下创建三个目录文件 data、log、saved_dict，分别用于保存数据、日志和模型训练的结果。

Transformer 文本分类目录结构如图 13.13 所示。

图 13.13　Transformer 文本分类目录结构

按照如下步骤分别编写代码。

（1）编写 Transformer.py，创建参数配置类 Conifig 类和 Model 类。

步骤一：导入模块

```python
import torch
import torch.nn as nn
import torch.nn.functional as F
import numpy as np
import copy
```

步骤二：编写 Config 类

```python
class Config(object):
    """配置参数"""
    def __init__(self, dataset, embedding):
        self.model_name = 'Transformer'
        self.train_path = dataset + '/data/train.txt'          # 训练集
        self.dev_path = dataset + '/data/dev.txt'              # 验证集
        self.test_path = dataset + '/data/test.txt'            # 测试集
        # 类别名单
        self.class_list = [x.strip() for x in open(
            dataset + '/data/class.txt',
            encoding='utf-8').readlines()]
        self.vocab_path = dataset + '/data/vocab.pkl'          # 词表
```

```
# 模型训练结果
self.save_path = dataset + '/saved_dict/' + \
                    self.model_name + '.ckpt'
self.log_path = dataset + '/log/' + self.model_name
self.device = torch.device('cuda' if torch.cuda.is_available()
                        else 'cpu')          # 设备
self.dropout = 0.5                           # 随机失活
# 若超过 1 000batch 效果还没提升，则提前结束训练
self.require_improvement = 1000
self.num_classes = len(self.class_list)      # 类别数
self.n_vocab = 0                             # 词表大小，在运行时赋值
self.num_epochs = 10                         # epoch 数
self.batch_size = 128                        # mini-batch 大小
self.pad_size = 32                           # 每句话处理成的长度（短填长切）
self.learning_rate = 5e-4                    # 学习率
self.embed = 300                             # 字向量维度
self.dim_model = 300
self.hidden = 1024
self.last_hidden = 512
self.num_head = 5                            # 多头的数量
self.num_encoder = 2                         # encoder 的层数
```

步骤三：编写 Transformer 网络结构

```
# Transformer 网络结构
class Model(nn.Module):
    def __init__(self, config):
        super(Model, self).__init__()
        # 词嵌入层
        self.embedding = nn.Embedding(
            config.n_vocab, config.embed,
            padding_idx=config.n_vocab - 1
        )
        # 位置编码
        self.postion_embedding = Positional_Encoding(
            config.embed, config.pad_size,
            config.dropout, config.device
        )
        # encoder 结构
        self.encoder = Encoder(config.dim_model, config.num_head,
```

```python
                            config.hidden, config.dropout)
        self.encoders = nn.ModuleList([
            copy.deepcopy(self.encoder)
            for _ in range(config.num_encoder)])
        # 全连接
        self.fc1 = nn.Linear(
            config.pad_size * config.dim_model, config.num_classes)

    def forward(self, x):
        # 将输入数据送入词嵌入层
        out = self.embedding(x[0])
        # 位置编码
        out = self.postion_embedding(out)
        # encoder 层
        for encoder in self.encoders:
            out = encoder(out)
        # encoder 的输出
        out = out.view(out.size(0), -1)
        # 全连接
        out = self.fc1(out)
        return out
```

步骤四：编写 Encoder 类，实现单词 encoder 的框架

```python
class Encoder(nn.Module):
    def __init__(self, dim_model, num_head, hidden, dropout):
        super(Encoder, self).__init__()
        # 多头注意力机制
        self.attention = Multi_Head_Attention(dim_model,
                                    num_head, dropout)
        #  前馈网络
        self.feed_forward = Position_wise_Feed_Forward(dim_model,
                                    hidden, dropout)

    def forward(self, x):
        # 将数据绑定到多头注意力中
        out = self.attention(x)
        # 前向计算过程
        out = self.feed_forward(out)
        return out
```

步骤五：编写 Positional_Encoding 类，实现位置编码功能

```python
class Positional_Encoding(nn.Module):
    def __init__(self, embed, pad_size, dropout, device):
        super(Positional_Encoding, self).__init__()
        self.device = device
        self.pe = torch.tensor([[pos /
                                (10000.0 **
                                 (i // 2 * 2.0 / embed))
                                for i in range(embed)]
                                for pos in range(pad_size)])
        self.pe[:, 0::2] = np.sin(self.pe[:, 0::2])
        self.pe[:, 1::2] = np.cos(self.pe[:, 1::2])
        self.dropout = nn.Dropout(dropout)

    def forward(self, x):
        # 构建残差网络
        out = x + nn.Parameter(
            self.pe, requires_grad=False).to(self.device)
        # 放弃神经元，防止过拟合
        out = self.dropout(out)
        return out
```

步骤六：编写 Scaled_Dot_Product_Attention 类，实现缩放点积的注意力

```python
class Scaled_Dot_Product_Attention(nn.Module):
    '''Scaled Dot-Product Attention '''
    def __init__(self):
        super(Scaled_Dot_Product_Attention, self).__init__()

    def forward(self, Q, K, V, scale=None):
        # 计算 attention 中 Q 和 K 的乘积
        attention = torch.matmul(Q, K.permute(0, 2, 1))
        if scale:
            attention = attention * scale
        attention = F.softmax(attention, dim=-1)
        # 计算 attention 得分
        context = torch.matmul(attention, V)
        return context
```

步骤七：编写 Multi_Head_Attention，实现多头注意力

```python
class Multi_Head_Attention(nn.Module):
    def __init__(self, dim_model, num_head, dropout=0.0):
        super(Multi_Head_Attention, self).__init__()
        self.num_head = num_head
        assert dim_model % num_head  0
        self.dim_head = dim_model // self.num_head
        # Q、K、V 矩阵的计算
        self.fc_Q = nn.Linear(dim_model,
                        num_head * self.dim_head)
        self.fc_K = nn.Linear(dim_model,
                        num_head * self.dim_head)
        self.fc_V = nn.Linear(dim_model,
                        num_head * self.dim_head)
        # 缩放点积的注意力
        self.attention = Scaled_Dot_Product_Attention()
        # 全连接
        self.fc = nn.Linear(num_head * self.dim_head,
                        dim_model)
        self.dropout = nn.Dropout(dropout)
        # layer normalization
        self.layer_norm = nn.LayerNorm(dim_model)

    def forward(self, x):
        batch_size = x.size(0)
        Q = self.fc_Q(x)
        K = self.fc_K(x)
        V = self.fc_V(x)
        Q = Q.view(batch_size * self.num_head, -1,
                self.dim_head)
        K = K.view(batch_size * self.num_head, -1,
                self.dim_head)
        V = V.view(batch_size * self.num_head, -1,
                self.dim_head)
        scale = K.size(-1) ** -0.5            # 缩放因子
        context = self.attention(Q, K, V, scale)

        context = context.view(batch_size, -1,
```

```
                                    self.dim_head * self.num_head)
        out = self.fc(context)
        out = self.dropout(out)
        out = out + x                              # 残差连接
        out = self.layer_norm(out)
        return out
```

步骤八：编写 Position_wise_Feed_Forward 类，实现前馈网络

```
class Position_wise_Feed_Forward(nn.Module):
    def __init__(self, dim_model, hidden, dropout=0.0):
        super(Position_wise_Feed_Forward, self).__init__()
        self.fc1 = nn.Linear(dim_model, hidden)         # 全连接层 1
        self.fc2 = nn.Linear(hidden, dim_model)         # 全连接层 2
        self.dropout = nn.Dropout(dropout)              # dropout 层
        self.layer_norm = nn.LayerNorm(dim_model)   # layer Normalization

    def forward(self, x):
        out = self.fc1(x)
        out = F.relu(out)
        out = self.fc2(out)
        out = self.dropout(out)
        out = out + x                              # 残差连接
        out = self.layer_norm(out)                 # layer Normalization
        return out
```

（2）现在已经创建好 Transformer.py，接下来编写帮助文件 utils.py，完成词汇表构建、数据集划分和数据的批量加载。

步骤一：导入模块,设置全局变量

```
import os
import torch
import numpy as np
import pickle as pkl
from tqdm import tqdm
import time
from datetime import timedelta
MAX_VOCAB_SIZE = 10000        # 词表长度限制
UNK, PAD = '<UNK>', '<PAD>'       # 未知字，padding 符号
```

步骤二：编写构建词汇表函数 build_vocab

```python
def build_dataset(config, ues_word):
    if ues_word:
        # 以空格隔开，按词构建向量
        tokenizer = lambda x: x.split(' ')
    else:
        # 按照单字的词构建词汇向量
        tokenizer = lambda x: [y for y in x]
    # 构建词汇表
    vocab = build_vocab(config.train_path,
                        tokenizer=tokenizer,
    max_size=MAX_VOCAB_SIZE, min_freq=1)


def load_dataset(path, pad_size=32):
    contents = []
    # 读取训练集
    with open(path, 'r', encoding='UTF-8') as f:
        # 遍历训练集
        for line in tqdm(f):
            lin = line.strip()
            if not lin:
                continue
            # 获取标题和标签
            content, label = lin.split('\t')
            words_line = []
            token = tokenizer(content)
            seq_len = len(token)
            # 将句子处理成相同的长度
            if pad_size:
                if len(token) < pad_size:
                    token.extend([PAD] *
                                (pad_size - len(token)))
                else:
                    token = token[:pad_size]
                    seq_len = pad_size
            # 单词转换为编号
            for word in token:
                words_line.append(vocab.get(word, vocab.get(UNK)))
```

```
                contents.append((words_line, int(label), seq_len))
        return contents

    # 构建训练集\验证集\测试集
    train = load_dataset(config.train_path, config.pad_size)
    dev = load_dataset(config.dev_path, config.pad_size)
    test = load_dataset(config.test_path, config.pad_size)
    return vocab, train, dev, test
```

步骤三：编写 DatasetIterator 类，完成一个批次的数据读取

```
class DatasetIterater(object):
    def __init__(self, batches, batch_size, device):
        self.batch_size = batch_size
        self.batches = batches
        self.n_batches = len(batches) // batch_size
        self.residue = False  # 记录batch数量是否为整数
        if len(batches) % self.n_batches != 0:
            self.residue = True
        self.index = 0
        self.device = device

    def _to_tensor(self, datas):
        x = torch.LongTensor([_[0] for _ in datas]).to(self.device)
        y = torch.LongTensor([_[1] for _ in datas]).to(self.device)

        # pad前的长度(超过pad_size的设为pad_size)
        seq_len = torch.LongTensor([_[2]
                        for _ in datas]).to(self.device)
        return (x, seq_len), y

    def __next__(self):
        if self.residue and self.index   self.n_batches:
            batches = self.batches[self.index * self.batch_size
                            : len(self.batches)]
            self.index += 1
            batches = self._to_tensor(batches)
            return batches

        elif self.index >= self.n_batches:
```

```
            self.index = 0
            raise StopIteration
        else:
            batches = self.batches[self.index * self.batch_size:
                            (self.index + 1) * self.batch_size]
            self.index += 1
            batches = self._to_tensor(batches)
            return batches

    def __iter__(self):
        return self

    def __len__(self):
        if self.residue:
            return self.n_batches + 1
        else:
            return self.n_batches
```

步骤四：编写函数 build_iterator 和 get_time_dif，实现批量加载数据和统计训练时间

```
def build_iterator(dataset, config, predict):
    if predict   True:
        config.batch_size = 1
    iter = DatasetIterator(dataset, config.batch_size,
                    config.device)
    return iter


def get_time_dif(start_time):
    """获取已使用时间"""
    end_time = time.time()
    time_dif = end_time - start_time
    return timedelta(seconds=int(round(time_dif)))
```

（3）我们已经完成了帮助文件 utils.py 的编写，接下来编写 train.py 完成 Transformer 的训练。

步骤一：导入模块

```
import numpy as np
import torch
import torch.nn as nn
```

```
import torch.nn.functional as F
from sklearn import metrics
import time
from utils import get_time_dif
from tensorboardX import SummaryWriter
```

步骤二：编写初始化函数 init_network，实现网络的初始化

```
def init_network(model, method='xavier',
                 exclude='embedding', seed=123):
    for name, w in model.named_parameters():
        if exclude not in name:
            if 'weight' in name:
                if method  'xavier':
                    nn.init.xavier_normal_(w)
                elif method  'kaiming':
                    nn.init.kaiming_normal_(w)
                else:
                    nn.init.normal_(w)
            elif 'bias' in name:
                nn.init.constant_(w, 0)
            else:
                pass
```

步骤三：编写 train 函数，完成模型的训练

```
def train(config, model, train_iter, dev_iter, test_iter):
    start_time = time.time()
    model.train()
    optimizer = torch.optim.Adam(model.parameters(),
                        lr=config.learning_rate)

    # 学习率指数衰减，每次 epoch：学习率 = gamma * 学习率
    total_batch = 0          # 记录进行到多少 batch
    dev_best_loss = float('inf')
    last_improve = 0         # 记录上次验证集 loss 下降的 batch 数
    flag = False             # 记录是否很久没有效果提升
    writer = SummaryWriter(log_dir=config.log_path + '/'
                        + time.strftime('%m-%d_%H.%M',
                        time.localtime()))
    for epoch in range(config.num_epochs):
```

```python
print('Epoch [{}/{}]'.format(epoch + 1, config.num_epochs))
# 学习率衰减
for i, (trains, labels) in enumerate(train_iter):
    outputs = model(trains)
    model.zero_grad()
    loss = F.cross_entropy(outputs, labels)
    loss.backward()
    optimizer.step()
    if total_batch % 100    0:
        # 每多少轮输出在训练集和验证集上的效果
        true = labels.data.cpu()
        predic = torch.max(outputs.data, 1)[1].cpu()
        train_acc = metrics.accuracy_score(true, predic)
        dev_acc, dev_loss = evaluate(config, model, dev_iter)
        if dev_loss < dev_best_loss:
            dev_best_loss = dev_loss
            torch.save(model.state_dict(), config.save_path)
            improve = '*'
            last_improve = total_batch
        else:
            improve = ''
        time_dif = get_time_dif(start_time)
        msg = 'Iter: {0:>6},  Train Loss: {1:>5.2},  ' \
              'Train Acc: {2:>6.2%},  Val Loss: {3:>5.2}, ' \
              ' Val Acc: {4:>6.2%},  Time: {5} {6}'
        print(msg.format(total_batch, loss.item(),
                    train_acc, dev_loss, dev_acc,
                    time_dif, improve))
        writer.add_scalar("loss/train", loss.item(), total_batch)
        writer.add_scalar("loss/dev", dev_loss, total_batch)
        writer.add_scalar("acc/train", train_acc, total_batch)
        writer.add_scalar("acc/dev", dev_acc, total_batch)
        model.train()
    total_batch += 1
    if total_batch - last_improve > config.require_improvement:
        # 验证集loss超过1000batch没下降，结束训练
        print("No optimization for a long time,auto-stopping...")
        flag = True
        break
```

```
    if flag:
        break
writer.close()
test(config, model, test_iter)
```

步骤四：编写 evaluate 和 test 函数，完成模型的评估和测试

```python
def test(config, model, test_iter):
    # 加载训练好的模型文件:Transformer.ckpt
    model.load_state_dict(torch.load(config.save_path))
    model.eval()
    start_time = time.time()
    test_acc, test_loss, test_report, test_confusion = \
        evaluate(config, model, test_iter, test=True)
    msg = 'Test Loss: {0:>5.2},  Test Acc: {1:>6.2%}'
    print(msg.format(test_loss, test_acc))
    print("Precision, Recall and F1-Score...")
    print(test_report)
    print("Confusion Matrix...")
    print(test_confusion)
    time_dif = get_time_dif(start_time)
    print("Time usage:", time_dif)


def evaluate(config, model, data_iter, test=False):
    model.eval()
    loss_total = 0
    predict_all = np.array([], dtype=int)
    labels_all = np.array([], dtype=int)
    with torch.no_grad():
        for texts, labels in data_iter:
            outputs = model(texts)
            loss = F.cross_entropy(outputs, labels)
            loss_total += loss
            labels = labels.data.cpu().numpy()
            predic = torch.max(outputs.data, 1)[1].cpu().numpy()
            labels_all = np.append(labels_all, labels)
            predict_all = np.append(predict_all, predic)

    acc = metrics.accuracy_score(labels_all, predict_all)
    if test:
```

```
            report = metrics.classification_report(labels_all,
                                            predict_all,
                            target_names=config.class_list,
                                            digits=4)
            confusion = metrics.confusion_matrix(labels_all, predict_all)
        return acc, loss_total / len(data_iter), report, confusion
    return acc, loss_total / len(data_iter)
```

（4）我们已完成 Tramsformer 的训练，接下来编写 predict.py 完成 Tramsformer 的预测。

步骤一：导入模块，设置全局变量

```
import torch
import numpy as np
MAX_VOCAB_SIZE = 10000
UNK, PAD = '<UNK>', '<PAD>'
tokenizer = lambda x: [y for y in x]
```

步骤二：编写 load_dataset 函数，完成预测数据的向量化表示

```
def load_dataset(text, vocab, pad_size=32):
    contents = []
    for line in text:
        lin = line.strip()
        if not lin:
            continue
        words_line = []
        token = tokenizer(line)
        seq_len = len(token)
        if pad_size:
            if len(token) < pad_size:
                token.extend([PAD] * (pad_size - len(token)))
            else:
                token = token[:pad_size]
                seq_len = pad_size
        # 将预测文本转化为数字
        for word in token:
            words_line.append(vocab.get(word, vocab.get(UNK)))
        contents.append((words_line, int(0), seq_len))
    return contents
```

步骤三：编写 match_label 和 final_predict 函数，模型的最终预测

```python
def match_label(pred, config):
    label_list = config.class_list
    return label_list[pred]


def final_predict(config, model, data_iter):
    map_location = lambda storage, loc: storage
    model.load_state_dict(torch.load(config.save_path,
                                     map_location=map_location))
    model.eval()
    predict_all = np.array([])
    with torch.no_grad():
        for texts, _ in data_iter:
            outputs = model(texts)
            pred = torch.max(outputs.data, 1)[1].cpu().numpy()
            pred_label = [match_label(i, config) for i in pred]
            predict_all = np.append(predict_all, pred_label)
    return predict_all
```

（5）到目前为止，我们已经完成 Transformer 的训练和预测，接下来我们编写 run.py，实现模型的训练和预测过程。

步骤一：导入模块

```python
import time
import torch
import numpy as np
from importlib import import_module
from train import train, init_network
from predict import load_dataset, final_predict
from utils import build_dataset, build_iterator, get_time_dif
```

步骤二：编写 TransformerPredict 类，实现文本预测功能

```python
class TransformerPredict:
    def predict(self, text):
        content = load_dataset(text, vocab)
        predict_iter = build_iterator(content, config, predict=True)
        config.n_vocab = len(vocab)
        result = final_predict(config, model, predict_iter)
        for i, j in enumerate(result):
```

```
        print('text:{}'.format(text[i]), '\t', 'label:{}'.format(j))
```

步骤三：主函数处理

```
if __name__ == '__main__':
    dataset = 'THUCNews'                          # 数据集
    embedding = 'random'
    model_name = 'Transformer'


    x = import_module('models.' + model_name)
    config = x.Config(dataset, embedding)
    np.random.seed(1)
    torch.manual_seed(1)
    torch.cuda.manual_seed_all(1)
    torch.backends.cudnn.deterministic = True    # 保证每次结果一样

    start_time = time.time()
    print("Loading data...")
    vocab, train_data, dev_data, test_data = build_dataset(
            config, False)
    train_iter = build_iterator(train_data, config, False)
    dev_iter = build_iterator(dev_data, config, False)
    test_iter = build_iterator(test_data, config, False)
    time_dif = get_time_dif(start_time)
    print("Time usage:", time_dif)
    # 训练
    config.n_vocab = len(vocab)
    model = x.Model(config).to(config.device)
    if model_name != 'Transformer':
        init_network(model)
    print(model.parameters)
    train(config, model, train_iter, dev_iter, test_iter)
    # 预测
    tp = TransformerPredict()
    test = ['']                                  # 输入待预测文本
    tp.predict(test)
```

步骤四：运行代码

使用如下命令运行实验代码。

```
python run.py
```

通过执行上述代码，在 log 目录下生成 Transformer 日志文件，并在 saved_dict 目录下生成 Transformer.ckpt 模型文件，具体如图 13.14 所示。

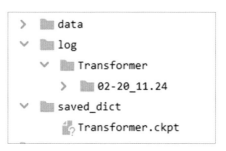

图 13.14　生成日志文件和模型文件

上述代码在执行过程中，在控制台输出的训练过程如下所示，程序会迭代 10 轮，最终完成训练。

```
Loading data...
180000it [00:01, 128824.02it/s]
180000it [00:02, 73247.23it/s]
10000it [00:00, 56661.18it/s]
10000it [00:00, 76540.63it/s]
Epoch [1/10]
    Iter:     0, Train Loss:   2.4, Train Acc: 8.59%, Val Loss:   4.0, Val
Acc: 10.39%, Time: 0:00:24 *
    Iter:   100, Train Loss:   1.3, Train Acc: 57.03%, Val Loss:   1.4,
Val Acc: 55.44%, Time: 0:02:19 *
    …
```

程序训练完成后调用 TransformerPredict 的 predict 函数，完成最终的预测，最终结果如下所示：

```
text:北京冬奥会所有竞赛项目都已圆满结束，…参加冬奥会以来的最佳成绩。  label:体育
text:近日，教育部基础教育司负责人就《评估指南》有关内容回答… 。  label:教育
text:张涵予，1964 年出生于北京，籍贯陕西蓝田，是中国内地男演员。 label:娱乐
text:甲醇期货今日挂牌上市继上半年焦炭、铅期货上市后…          label:财经
```

4. 实验小结

在本节中我们使用 Transformer 实现了中文文本分类任务，Transformer 是自然语言处理中

预训练模型的关键技术，而且当前多数的 NLP 任务都是使用 Transformer 的技术解决的，读者需要熟练掌握 Transformer 的相关技术。

本章总结

- 本章介绍了 encoder-decoder 模型，引出了 Transformer 相关的技术。
- 本章重点介绍了 Transformer 的原理和网络结构，使读者可以掌握 Transformer 技术实现的细节。
- 本章介绍了基于 Transformer 的中文文本分类综合案例。

作业与练习

1．[单选题] Transformer 结构不包括（　　）。
   A．Encoder-Decoder
   B．Self-Attention
   C．Add & Norm
   D．Single-Head Attention

2．[单选题] Transformer 输入不包括（　　）。
   A．文本向量
   B．位置向量
   C．字向量
   D．时间序列

3．[单选题] Transformer 的优点不包括（　　）。
   A．Transformer 的复杂度比 seq2seq 更低
   B．用最小的序列化运算来测量可以被并行化的计算
   C．从 1 到 n 逐个计算一个序列长度为 n 的信息要经过的路径长度
   D．Self-Attention 可以比 RNN 更好地解决长时依赖问题

4．[多选题] 以下可以用于文本分类的算法包括（　　）。
   A．SVM   B. Transformer
   C. TextRank   D.RNN

5．[单选题] 关于 seq2seq 说法错误的是（　　　）。

　A．训练时 decoder 每个单元输出的单词作为下一个单元的输入单词

　B．预测时 decoder 每个单元输出得到的单词作为下一个单元的输入单词

　C．预测时 decoder 单元输出为句子结束符号时跳出循环

　D．每个 batch 训练时 encoder 和 decoder 都有固定长度的输入

NLP-13-c-001

第 14 章

BERT 的文本相似度计算

本章目标

- 了解文本相似度的概念和应用场景。
- 掌握文本相似度计算的常见方法。
- 理解 BERT 的基本原理和网络结构。
- 掌握 BERT 实现文本相似度判定的方法。

在自然语言处理的任务中经常会遇到如何计算两个文本相似度的问题。例如，信息检索、问答系统等领域的关键技术之一就是文本相似度计算。在目前的研究中，文本相似度计算都是基于语义级别的。简单来说，就是给定两段文本，让模型自动判断两段文本是不是语义相似。

随着 NLP 技术的发展，文本相似度计算已开始使用预训练模型。本章将介绍如何使用 BERT 完成文本相似度判定任务。

本章包含的实验案例如下。

- 基于 BERT 实现中文文本相似度判断：基于语义匹配数据集 LCQMC，实现基于 BERT 的文本相似度判定，对输入的两段文本，判断其相似性，输出结果为"相似"或"不相似"。

14.1　文本相似度简介

14.1.1　文本相似度的应用场景

自然语言处理的很多应用场景都会用到文本相似度的计算，而且通常是基于文本的语义计算其相似性。在搜索引擎中，我们可以根据查询的关键字来搜索最相关的文本。问答系统可以根据用户提问的问题与语料库中的问题进行相似度匹配，选择相似度最高的问题的答案作为回答。文本的语义匹配同样会用到文本相似度计算，图 14.1 所示的文本相似度应用场景展示了在"百度知道"场景下，用户搜索一个问题，模型会计算这个问题与候选问题是否语义相似，语义匹配模型会找出与问题语义相似的候选问题返回给用户。

图 14.1　文本相似度应用场景

例如，当用户在搜索引擎中搜索"预训练模型的优点有哪些？"，模型会自动找出一些语义相似的问题展现给用户。由此可见，文本相似度计算是这些 NLP 任务的关键技术，如何度量句子或短语之间的相似度尤为重要，本章将详细介绍文本相似度计算的具体方法和实现过程。

14.1.2　文本相似度计算的方法

NLP-14-v-001

基于词匹配的方法是早期计算文本相似度最直观的方法之一，常见的词匹配算法包括 Bow、TF-IDF、SimHash 和 BM25。例如，BM25 算法通过网络字段对查询字段的覆盖程度来计算两者间的匹配得分，得分越高的网页与查询的匹配度越好。该算法主要解决词汇层面的匹配问题，或者说词汇层面的相似度问题。而实际上，基于词的匹配算法有很大的局限性，具体包括以下几点。

（1）词义局限："的士"和"出租车"虽然字面上不相似，但实际为同一种交通工具。

（2）结构局限："武松打虎"和"虎打武松"虽然词汇完全重合，但表达的意思不同。

（3）知识局限："关公战秦琼"，这句话虽从词法和句法上看均没问题，但结合相关历史知识看这句话是不对的。

从以上局限性可以看出，语义相似度计算不能只停留在字面匹配层面，更需要语义的相似度。为了解决语义相似度问题，研究者提出了分布式词向量方法。常见的分布式词向量方法包括 NNLM、CBOW 和 Skip-Gram 等。但是基于词向量的方法同样有缺点，分布式词向量方法未考虑词与词之间的上下文信息，以及句子的语境信息。例如，"我购买不了这项服务"和"我要开通服务"，由于这两个句子存在相似的词语"购买"和"开通"，且存在相同用词"服务"，因此用基于词向量的方法判断时这两个句子相似度极高，但实际情况下，这两个句子的语义明显不同。

为了解决这个问题，研究者提出了基于深度学习的方法计算文本相似度，主流的深度学习模型包括 CNN 和 RNN。基于神经网络的方法最大的优点就是可以在考虑两个文本之间的上下文信息时，充分考虑在不同语言环境下相同或相似用词实际的语义信息。图 14.2 所示为文本相似度计算。

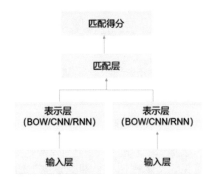

图 14.2　文本相似度计算

随着 NLP 技术的逐步发展，我们可以将图 14.2 中的表示层用预训练模型进行学习，这样可以通过预训练模型强大的学习能力获得文本更丰富的语义信息，从而提高模型的准确性。目前，文本相似度计算的主流方法采用的是预训练模型，我们将使用 BERT 完成文本相似度的计算任务。

14.2　BERT 的文本相似度简介

BERT 采用的是 Transformer 的 encoder 单元，BERT 可以很好地解决句子级建模问题。我们可以将 BERT 看作是一个两阶段的 NLP 模型。

第一个阶段叫作预训练,通过大规模监督语料训练获得的模型,可以学习句子的语义信息。BERT 在预训练阶段的另一个任务就是成对句子构成问题(Next Sentence Prediction),所以 BERT 在做文本相似度计算时有很大的优势。

第二个阶段叫作微调,利用预训练好的语言模型,完成具体的 NLP 下游任务。其中之一就是文本相似度计算,只需要直接输入分割好的句子对就可以直接获取文本的相似度。图 14.3 所示为 BERT 的文本相似度计算。

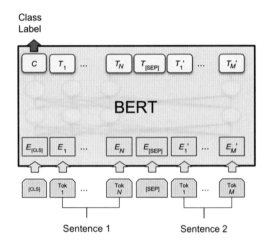

图 14.3　BERT 的文本相似度计算

根据图 14.3 可知,我们将输入送入 BERT 前,在首部加入[CLS],在两个句子之间加入[SEP]作为分隔。然后,取到 BERT 的输出（句子对的 embedding),取[CLS]即可完成相似度计算任务。

14.3　案例实现——BERT 的文本相似度计算

NLP-14-v-002

1. 实验目标

（1）了解 BERT 解决成对句子构成问题的原理。
（2）掌握 BERT 实现文本相似度计算的具体步骤。
（3）掌握 BERT 实现文本相似度计算的方法。

2. 实验环境

ALBERT 的 NER 实验环境如表 14.1 所示。

表 14-1　ALBERT 的 NER 实验环境

硬　　件	软　　件	资　　源
PC/笔记本电脑	Windows 10/Ubuntu 18.04 Python 3.7.3 pandas 1.3.4 torch 1.8.0 transformers 2.10.0 sklearn 0.0 numpy 1.18.5 tqdm 4.63.0 hanziconv 0.3.2	中文语义匹配数据集 LCQMC： lcqmc_dev.csv lcqmc_test.csv lcqmc_train.csv

3．实验步骤

该项目主要由 5 个代码文件组成，分别为 data.py、utils.py、model.py、train.py 和 predict.py，具体功能如下。

（1）data.py：数据预处理，加载中文语义匹配数据集 LCQMC。

（2）utils.py：辅助函数，完成模型的训练、验证和预测。

（3）model.py：模型文本，构建 BERT。

（4）train.py：完成模型训练过程，保存模型。

（5）predict.py：加载训练模型，完成预测。

首先创建项目工程目录 text_match，在 text_match 目录下创建源码文件 data.py、utils.py、model.py、train.py 和 predict.py，以及目录文件 data、pretrained_model 和 models，分别用于保存数据集、BERT 文件和模型训练文件。

ERNIE 情感分析的实验目录结构如图 14.4 所示。

名称	类型	大小
data	文件夹	
models	文件夹	
pretrained_model	文件夹	
data.py	Python File	4 KB
model.py	Python File	2 KB
predict.py	Python File	3 KB
train.py	Python File	5 KB
utils.py	Python File	4 KB

图 14.4　ERNIE 情感分析的实验目录结构

按照如下步骤分别编写代码。

（1）编写 data.py，加载数据。

步骤一：导入模块

```python
from torch.utils.data import Dataset
from hanziconv import HanziConv
import pandas as pd
import torch
```

步骤二：编写 DataPrecessForSentence 类，完成数据处理及加载

```python
class DataPrecessForSentence(Dataset):
    # 处理文本
    def __init__(self, bert_tokenizer, LCQMC_file,
            pred=None, max_char_len = 103):
        """
        bert_tokenizer :分词器; LCQMC_file     :语料文件
        """
        self.bert_tokenizer = bert_tokenizer
        self.max_seq_len = max_char_len
        self.seqs, self.seq_masks, self.seq_segments, \
        self.labels = self.get_input(LCQMC_file, pred)
    def __len__(self):
        return len(self.labels)
    def __getitem__(self, idx):
        return self.seqs[idx], self.seq_masks[idx], \
            self.seq_segments[idx], self.labels[idx]
    # 获取文本与标签
    def get_input(self, file, pred=None):
        # 预测
        if pred:
            sentences_1 = []
            sentences_2 = []
            for i,j in enumerate(file):
                sentences_1.append(j[0])
                sentences_2.append(j[1])
            sentences_1 = map(HanziConv.toSimplified, sentences_1)
            sentences_2 = map(HanziConv.toSimplified, sentences_2)
            labels = [0] * len(file)
        else:
            df = pd.read_csv(file, sep='\t')
```

```
        sentences_1 = map(HanziConv.toSimplified,
                           df['text_a'].values)
        sentences_2 = map(HanziConv.toSimplified,
                           df['text_b'].values)
        labels = df['label'].values
    # 切词
        tokens_seq_1 = list(map(self.bert_tokenizer.tokenize,
sentences_1))
        tokens_seq_2 = list(map(self.bert_tokenizer.tokenize,
sentences_2))
    # 获取定长序列及其 mask
        result = list(map(self.trunate_and_pad, tokens_seq_1,
tokens_seq_2))
        seqs = [i[0] for i in result]
        seq_masks = [i[1] for i in result]
        seq_segments = [i[2] for i in result]
        return torch.Tensor(seqs).type(torch.long), \
               torch.Tensor(seq_masks).type(torch.long), \
               torch.Tensor(seq_segments).type(torch.long),\
               torch.Tensor(labels).type(torch.long)
    def trunate_and_pad(self, tokens_seq_1, tokens_seq_2):
        # 对超长序列进行截断
        if len(tokens_seq_1) > ((self.max_seq_len - 3)//2):
            tokens_seq_1 = tokens_seq_1[0:(self.max_seq_len - 3)//2]
        if len(tokens_seq_2) > ((self.max_seq_len - 3)//2):
            tokens_seq_2 = tokens_seq_2[0:(self.max_seq_len - 3)//2]
        # 分别在首尾拼接特殊符号
        seq = ['[CLS]'] + tokens_seq_1 + ['[SEP]'] \
              + tokens_seq_2 + ['[SEP]']
        seq_segment = [0] * (len(tokens_seq_1) + 2)\
                    + [1] * (len(tokens_seq_2) + 1)
        # ID化
        seq = self.bert_tokenizer.convert_tokens_to_ids(seq)
        # 根据 max_seq_len 与 seq 的长度产生填充序列
        padding = [0] * (self.max_seq_len - len(seq))
        # 创建 seq_mask
        seq_mask = [1] * len(seq) + padding
        # 创建 seq_segment
        seq_segment = seq_segment + padding
        # 对 seq 拼接填充序列
```

```
        seq += padding
    assert len(seq)   self.max_seq_len
    assert len(seq_mask)   self.max_seq_len
    assert len(seq_segment)   self.max_seq_len
    return seq, seq_mask, seq_segment
```

（2）编写 utils.py，实现模型训练、评价和预测辅助函数的编写。

步骤一：导入模块，编写 pad_sequences，完成数据长度的填充和截取

```
import torch
import torch.nn as nn
import time
from tqdm import tqdm
from sklearn.metrics import roc_auc_score
```

步骤二：编写 correct_predictions 函数，统计预测正确的标签

```
def correct_predictions(output_probabilities, targets):
    _, out_classes = output_probabilities.max(dim=1)
    correct = (out_classes   targets).sum()
    return correct.item()
```

步骤三：编写 train 函数，开启训练

```
def train(model, dataloader, optimizer, max_gradient_norm):
    # 开启训练
    model.train()
    device = model.device
    epoch_start = time.time()
    batch_time_avg = 0.0
    running_loss = 0.0
    correct_preds = 0
    tqdm_batch_iterator = tqdm(dataloader)
    for batch_index, (batch_seqs, batch_seq_masks,
                batch_seq_segments, batch_labels) \
        in enumerate(tqdm_batch_iterator):
    batch_start = time.time()
    # 训练数据放入指定设备，GPU&CPU
    seqs, masks, segments, labels = batch_seqs.to(device),\
                        batch_seq_masks.to(device), \
                        batch_seq_segments.to(device),\
```

```
                                                batch_labels.to(device)
        optimizer.zero_grad()
        loss, logits, probabilities = model(seqs, masks,segments,labels)
        loss.backward()
        nn.utils.clip_grad_norm_(model.parameters(), max_gradient_norm)
        optimizer.step()
        batch_time_avg += time.time() - batch_start
        running_loss += loss.item()
        correct_preds += correct_predictions(probabilities, labels)
        description = "Avg. batch proc. time: {:.4f}s, loss: {:.4f}"\
                    .format(batch_time_avg/(batch_index+1),
                            running_loss/(batch_index+1))
        tqdm_batch_iterator.set_description(description)
    epoch_time = time.time() - epoch_start
    epoch_loss = running_loss / len(dataloader)
    epoch_accuracy = correct_preds / len(dataloader.dataset)
    return epoch_time, epoch_loss, epoch_accuracy
```

步骤四：编写 validate 函数，完成模型评价

```
def validate(model, dataloader):
    # 开启验证模式
    model.eval()
    device = model.device
    epoch_start = time.time()
    running_loss = 0.0
    running_accuracy = 0.0
    all_prob = []
    all_labels = []
    # 评估时梯度不更新
    with torch.no_grad():
        for (batch_seqs, batch_seq_masks, batch_seq_segments,
            batch_labels) in dataloader:
            # 将数据放入指定设备
            seqs = batch_seqs.to(device)
            masks = batch_seq_masks.to(device)
            segments = batch_seq_segments.to(device)
            labels = batch_labels.to(device)
```

```
                loss, logits, probabilities = model(seqs, masks,
                                                segments, labels)
                running_loss += loss.item()
                running_accuracy += correct_predictions(probabilities, labels)
                all_prob.extend(probabilities[:,1].cpu().numpy())
                all_labels.extend(batch_labels)
        epoch_time = time.time() - epoch_start
        epoch_loss = running_loss / len(dataloader)
        epoch_accuracy = running_accuracy / (len(dataloader.dataset))
        return epoch_time, epoch_loss, epoch_accuracy, \
                roc_auc_score(all_labels, all_prob)
```

步骤五：编写 predict 函数，开启预测

```
def predict(model, test_file, dataloader, device):
    model.eval()
    with torch.no_grad():
        result = []
        for (batch_seqs, batch_seq_masks, batch_seq_segments,
             batch_labels) in dataloader:
            seqs, masks, segments, labels = batch_seqs.to(device), \
                            batch_seq_masks.to(device),\
                            batch_seq_segments.to(device), \
                            batch_labels.to(device)
            _, _, probabilities = model(seqs, masks, segments, labels)
            result.append(probabilities)
    text_result = []
    for i, j in enumerate(test_file):
        text_result.append([j[0], j[1], '相似'
            if torch.argmax(result[i][0])  1 else '不相似'])
    return text_result
```

（3）编写 model.py，完成模型构建。

步骤一：导入模块

```
import torch
from torch import nn
from transformers import BertForSequenceClassification, BertConfig
```

步骤二：编写 BertModel 类，构建训练过程的 BERT

```python
class BertModel(nn.Module):
    def __init__(self):
        super(BertModel, self).__init__()
        # /bert_pretrain/
        self.bert = BertForSequenceClassification.\
            from_pretrained("pretrained_model/", num_labels = 2)
        self.device = torch.device("cpu")
        for param in self.bert.parameters():
            param.requires_grad = True  # 每个参数都要求梯度

    def forward(self, batch_seqs, batch_seq_masks,
                batch_seq_segments, labels):
        loss, logits = self.bert(input_ids = batch_seqs,
                            attention_mask = batch_seq_masks,
                         token_type_ids=batch_seq_segments,
                             labels = labels)
        probabilities = nn.functional.softmax(logits, dim=-1)
        return loss, logits, probabilities
```

步骤三：编写 BertModelTest 类，完成预测过程的 BERT

```python
class BertModelTest(nn.Module):
    def __init__(self, model_path):
        super(BertModelTest, self).__init__()
        config = BertConfig.from_pretrained(model_path)
        # BERT 预训练模型
        self.bert = BertForSequenceClassification(config)
        self.device = torch.device("cuda")

    def forward(self, batch_seqs, batch_seq_masks,
                batch_seq_segments, labels):
        loss, logits = self.bert(input_ids = batch_seqs,
                            attention_mask = batch_seq_masks,
                         token_type_ids=batch_seq_segments,
                             labels = labels)
        probabilities = nn.functional.softmax(logits, dim=-1)
        return loss, logits, probabilities
```

（4）编写 train.py 源码文件，开启模型训练。

步骤一：导入模块

```
import os
import torch
from torch.utils.data import DataLoader
from data import DataPrecessForSentence
from utils import train,validate
from transformers import BertTokenizer
from model import BertModel
from transformers.optimization import AdamW
```

步骤二：主函数入口，开启训练

```
def main(train_file, dev_file, target_dir,
        epochs=10,
        batch_size=32,
        lr=2e-05,
        patience=3,
        max_grad_norm=10.0,
        checkpoint=None):
    bert_tokenizer = BertTokenizer.from_pretrained('pretrained_model/',
                                        do_lower_case=True)
    device = torch.device("cpu")
    # 保存模型的路径
    if not os.path.exists(target_dir):
        os.makedirs(target_dir)
    print("\t* 加载训练数据...")
    train_data = DataPrecessForSentence(bert_tokenizer, train_file)
    train_loader=DataLoader(train_data,shuffle=True, batch_size=batch_
size)
    print("\t* 加载验证数据...")
    dev_data = DataPrecessForSentence(bert_tokenizer, dev_file)
    dev_loader = DataLoader(dev_data, shuffle=True, batch_size=batch_
size)
    print("\t* 构建模型...")
    model = BertModel().to(device)
    # 待优化的参数
    param_optimizer = list(model.named_parameters())
    no_decay = ['bias', 'LayerNorm.bias', 'LayerNorm.weight']
    optimizer_grouped_parameters = [
        {
```

```python
            'params':[p for n, p in param_optimizer if
                    not any(nd in n for nd in no_decay)],
            'weight_decay':0.01
        },
        {

            'params':[p for n, p in param_optimizer if
                    any(nd in n for nd in no_decay)],
            'weight_decay':0.0

        }
]
# 优化器
optimizer = AdamW(optimizer_grouped_parameters, lr=lr)
scheduler = torch.optim.lr_scheduler.\
    ReduceLROnPlateau(optimizer, mode="max",
                    factor=0.85, patience=0)
best_score = 0.0
start_epoch = 1
epochs_count = [] # 迭代轮次
train_losses = [] # 训练集 loss
valid_losses = [] # 验证集 loss
if checkpoint:
    checkpoint = torch.load(checkpoint)
    start_epoch = checkpoint["epoch"] + 1
    best_score = checkpoint["best_score"]
    model.load_state_dict(checkpoint["model"])
    optimizer.load_state_dict(checkpoint["optimizer"])
    epochs_count = checkpoint["epochs_count"]
    train_losses = checkpoint["train_losses"]
    valid_losses = checkpoint["valid_losses"]
 # 计算损失、验证集准确度
_, valid_loss, valid_accuracy, auc = validate(model, dev_loader)
patience_counter = 0
for epoch in range(start_epoch, epochs + 1):
    epochs_count.append(epoch)
    epoch_time, epoch_loss, epoch_accuracy = \
        train(model, train_loader, optimizer, epoch, max_grad_norm)
    train_losses.append(epoch_loss)
    print("->Training time: {:.4f}s, loss={:.4f}, accuracy: {:.4f}%"
        .format(epoch_time, epoch_loss, (epoch_accuracy*100)))
```

```
        epoch_time, epoch_loss, epoch_accuracy , \
        epoch_auc= validate(model, dev_loader)
        valid_losses.append(epoch_loss)
        print("-> Valid. time: {:.4f}s, loss: {:.4f}, "
              "accuracy: {:.4f}%, auc: {:.4f}\n"
              .format(epoch_time, epoch_loss,
                    (epoch_accuracy*100), epoch_auc))
        # 更新学习率
        scheduler.step(epoch_accuracy)
        if epoch_accuracy < best_score:
            patience_counter += 1
        else:
            best_score = epoch_accuracy
            patience_counter = 0
            torch.save({"epoch": epoch,
                       "model": model.state_dict(),
                       "best_score": best_score,
                       "epochs_count": epochs_count,
                       "train_losses": train_losses,
                       "valid_losses": valid_losses},
                       os.path.join(target_dir, "best.pth.tar"))
        if patience_counter >= patience:
            print("-> 停止训练")
            break
if __name__ "__main__":
    main("data/lcqmc_train.tsv", "data/lcqmc_dev.tsv", "models")
```

步骤三：运行代码

使用如下命令运行实验代码。

```
python train.py
```

通过执行上述代码，程序在控制台输出的结果如下所示。预训练模型的执行时间较长，应使用 GPU 执行算法，程序运行结束后会在 models 文件夹下生成 best.pth.jar 模型文件。

```
  Avg. batch proc. time: 0.3069s, loss: 0.0852: 100%|███████████| 7460/7462
[38:22<00:00,  3.26it/s]
  Avg. batch proc. time: 0.3069s, loss: 0.0852: 100%|███████████| 7461/7462
[38:22<00:00,  3.22it/s]
  Avg. batch proc. time: 0.3069s, loss: 0.0852: 100%|███████████| 7461/7462
[38:22<00:00,  3.22it/s]
```

```
    Avg. batch proc. time: 0.3069s, loss: 0.0852: 100%|████████| 7462/7462
[38:22<00:00,  3.68it/s]
    Avg. batch proc. time: 0.3069s, loss: 0.0852: 100%|████████| 7462/7462
[38:22<00:00,  3.24it/s]
    …
```

（5）编写 predict.py 源码文件，调用 pretrained_model 模型文件完成预测。

步骤一：导入模块，设置超参数

```
import torch
from sys import platform
from torch.utils.data import DataLoader
from transformers import BertTokenizer
from model import BertModelTest
from utils import predict
from data import DataPrecessForSentence
```

步骤二：编写 main 函数，调用模型完成预测

```
def main(test_file, pretrained_file, batch_size=1):
    device = torch.device('cuda'if torch.cuda.is_available() else 'cpu')
    bert_tokenizer = BertTokenizer.from_pretrained('pretrained_model/',
                                    do_lower_case=True)
    if platform   "linux" or platform   "linux2":
        checkpoint = torch.load(pretrained_file)
    else:
        checkpoint = torch.load(pretrained_file, map_location=device)
    test_data = DataPrecessForSentence(bert_tokenizer,
                            test_file, pred=True)
    test_loader = DataLoader(test_data, shuffle=False,
                        batch_size=batch_size)
    model = BertModelTest('pretrained_model/').to(device)
    model.load_state_dict(checkpoint['model'])
    result = predict(model, test_file, test_loader, device)
    return result
```

步骤三：编写__mian__函数，启动主程序

```
if __name__   '__main__':
    text = [['微信号怎么二次修改', '怎么二次修改微信号'],
            ['红米刷什么系统好', '红米可以刷什么系统'],
            ['什么牌子的精油皂好', '什么牌子的精油好'],
```

```
                ['鱼竿上有个缘字是什么牌子的','前打鱼竿什么牌子的好']]
result = main(text, 'models/best.pth.tar')
print(10*"=", "Predict Result", 10*"=")
print(result)
```

步骤四：运行代码

使用如下命令运行实验代码。

```
python predict.py
```

通过执行上述代码，程序在控制台输出的结果如下所示：

```
[[['微信号怎么二次修改', '怎么二次修改微信号', '相似'], ['红米刷什么系统好', '\t 红
米可以刷什么系统', '相似'], ['什么牌子的精油皂好', '什么牌子的精油好', '不相似'], ['鱼
竿上有个缘字是什么牌子的', '前打鱼竿什么牌子的好', '不相似']]
```

4．实验小结

本章使用预训练模型 BERT 实现了文本相似度计算的任务。从程序运行结果可以看出，模型可以对输入的两段文本判断其是否相似，读取可以在此基础上进一步研究，实现文本匹配。

本章总结

- 本章介绍了文本相似度计算的概念和应用场景。
- 本章介绍了文本相似度计算常用的方法。
- 本章重点介绍了 BERT 实现文本相似度判定的具体步骤。
- 本章介绍了基于 BERT 的文本相似度计算综合案例。

作业与练习

1．[多选题] 下列（　　　）应用场景会涉及文本相似度计算技术。

　　A．OCR 文字识别　　　　　　　　B．聊天机器人

　　C．信息检索　　　　　　　　　　D．智能问答

2．[单选题] 不属于文本相似度计算方法的是（　　　）。

　　A．BM25　　　　　　　　　　　B．TF-IDF

　　C．Word2vec　　　　　　　　　　D．viterbi

3．[多选题] 下列属于 BERT 特点的是（　　　）。

　　A．采用实体和短语级别的 mask

　　B．基于 Transformer 的 encoder 架构

　　C．基于 seq2seq 的 encoder-decoder 架构

　　D．BERT 使用随机 mask 的方式

4．[多选题] 下列模型中，（　　　）模型是基于 Transformer 的 encoder 架构实现的。

　　A．GPT

　　B．BERT

　　C．ERNIE

　　D．ELMo

5．[多选题] 下列（　　　）算法可以用于语义级别的文本相似度计算。

　　A．BM25

　　B．BERT

　　C．ERNIE

　　D．词袋模型

NLP-14-c-001

第 15 章

ERNIE 的情感分析

本章目标

- 了解情感分析的基本概念和用途。
- 理解情感分析的基本流程。
- 理解 ERNIE 的基本原理。
- 掌握 ERNIE 的网络结构。
- 掌握预训练 ERNIE 实现情感分析的方法。

人类自然语言中包含了丰富的情感色彩，可以表达人的情绪（如悲伤、快乐）、表达人的心情（如倦怠、忧郁）、表达人的喜好（如喜欢、讨厌）、表达人的个性特征和表达人的立场等。利用机器自动分析这些情感倾向，不但有助于企业了解消费者对其产品的感受，为产品改进提供依据；同时还有助于企业分析商业伙伴们的态度，以便更好地进行商业决策。文本情感分析已成为自然语言处理中最常见的任务之一。本章主要介绍情感分析的基本概念和原理，以及如何使用预训练模型 ERNIE 实现情感分析任务。

本章包含的实验案例如下。

- 基于 ERNIE 的中文情感分析：基于新浪微博语料库，实现基于 ERNIE 的中文情感分析，对输入的文本和输出的每个句子进行对应的情感判断，判断它们具有中性、积极和消极三种情感中的哪一种。

15.1　情感分析简介

NLP-15-v-001

15.1.1　情感分析的基本概念

　　情感分析（Sentiment Classification）又称为情感倾向性分析，我们可以将情感分析任务看作是一个分类问题，即给定一个文本输入，计算机通过对文本进行分析、处理、归纳和推理后自动输出文本的情感倾向。

　　图 15.1 所示为情感分析任务的一个例子，左边的输入为一个自然语言的句子，经过深度学习模型的训练和预测后，右边输出整个句子的情感倾向性分析结果。

图 15.1　情感分析任务

通常情况下，研究者把情感分析看成一个三分类问题，情感分析分类如图 15.2 所示。

图 15.2　情感分析分类

- 正向：表示正面积极的情感，如高兴、幸福、惊喜、期待等。
- 负向：表示负面消极的情感，如难过、伤心、愤怒、惊恐等。
- 其他类型的情感。

　　在情感分析任务中，研究人员除了分析句子的情感类型，还细化到以句子中具体的"方面"为分析主体进行情感分析（Aspect-Level），如在"这个薯条口味有点咸，太辣了，不过口感很好"一句中关于薯条的口味是一个负向评价（咸、太辣），然而对于口感却是一个正向评价。

15.1.2　情感分析的方法

　　早期情感分析的方法包括基于情感词典和基于机器学习这两种主流方法。

　　基于情感词典是指根据已构建的情感词典，对待分析文本抽取情感词典，计算文本的情感倾向。其最终分类结果取决于情感词典的完备性。

基于机器学习的方法是指选取情感词作为特征词，将文本向量化，利用机器学习算法对文本进行分类。其最终分类结果取决于训练文本的选择及情感词的标注。

随着深度学习和 NLP 技术的发展，也可以使用深度学习的技术解决情感分析的任务。例如，我们可以使用长短时记忆神经网络（LSTM）对文本中的句子进行建模。LSTM 网络完成情感分析任务流程如图 15.3 所示，利用 LSTM 网络，从左到右依次阅读每个句子。在完成阅读之后，我们使用 LSTM 网络的最后一个输出记忆，作为整个句子的语义信息，并直接把这个向量作为输入，送入一个分类层进行分类，从而完成对情感分析问题的神经网络建模。

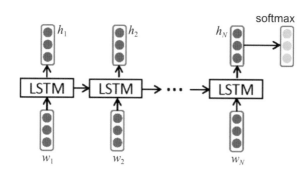

图 15.3　LSTM 网络完成情感分析任务流程

当使用深度学习的方法处理情感分析任务时，首先需要对文本进行编码，即文本的向量表示，目的是学习到句子的语义信息。由此促进了各种各样的预训练模型的发展，同时预训练模型的发展加微调的方法也是当前自然语言处理各种任务的主流方法。预训练模型的优点是可以学习通用语言表示，获得一个好的初始化，因此我们可以使用预训练模型对文本进行建模，然后通过微调的方法完成情感分析。

本章将介绍如何使用预训练模型 ERNIE 实现中文情感分类。

15.2　ERNIE 简介

我们在第 12.1.2 节中介绍了经典的预训练模型，具体包括 ELMo、GPT 和 BERT 等。ERNIE 也是预训练模型，其网络结构和 BERT 相似，都采用 Transformer 的 encoder 单元。在 BERT 中采用的是随机 mask 的方式，这种方式分割了连续字之间的相关性，使模型难以学习到词的语义信息。

ERNIE 改变了 BERT 中随机 mask 的方式，不再是单词的 mask，而是加入了实体和短

语的 mask，通过这种方法可以增强模型的学习能力。图 15.4 所示为 BERT 和 ERNIE 的 mask
对比。

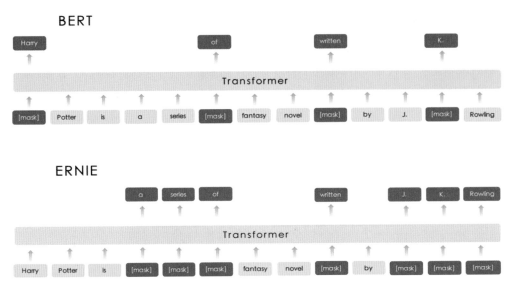

图 15.4　BERT 和 ERNIE 的 mask 对比

从图 15.4 可以看出，ERNIE 对短语 "a series of" 和 "J.K.Rowling" 进行了连续标注。因此，
使用 ERNIE 获取实体就必须对语料进行分词，由此我们发现分词的精度对 mask 的效果是有影
响的。同时 ERNIE 采用连续 mask 的方式可以有效避免未登录词问题。ERNIE 不同级别的 mask
方式如图 15.5 所示。

Sentence	Harry	Potter	is	a	series	of	fantasy	novels
Basic-level Masking	[mask]	Potter	is	a	series	[mask]	fantasy	novels
Entity-level Masking	Harry	Potter	is	a	series	[mask]	fantasy	novels
Phrase-level Masking	Harry	Potter	is	[mask]	[mask]	[mask]	fantasy	novels

图 15.5　ERNIE 不同级别的 mask 方式

此外，ERNIE 除了改变 mask 方式，同时在训练数据集上增加了很多。ERNIE 在中文维基
百科的基础上加入了百度的数据集，包括百度百科（实体）、百度新闻（专业语料）、百度贴吧
（多轮对话）。这三个数据集的侧重点不同，对模型的泛化能力也有提高。

15.3 案例实现——ERNIE 的中文情感分析

NLP-15-v-003

1. 实验目标

（1）了解 ERNIE 的基本原理和特点。

（2）掌握 ERNIE 实现情感分析的具体步骤。

（3）掌握 ERNIE 实现情感分析的方法。

2. 实验环境

ERNIE 的 NER 实验环境如表 15.1 所示。

表 15.1 ERNIE 的 NER 实验环境

硬 件	软 件	资 源
PC/笔记本电脑	Windows 10/Ubuntu 18.04 Python 3.7.3 pandas 1.3.4 torch 1.8.0 transformers 2.10.0 sklearn 0.0 numpy 1.18.5 boto3 1.21.37 regex 2022.3.15	新浪微博数据集： train_labled.csv

3. 实验步骤

该项目主要由 6 个代码文件组成，分别为 data_preprocess.py、utils.py、ERNIE.py、train_eval.py、run.py 和 predict.py，具体功能如下。

（1）data_preprocess.py：读取 tran_label.csv 文件，生成训练集和验证集。

（2）utils.py：文本向量表示化，完成数据的批量加载。

（3）ERNIE.py：完成模型构建和参数配置。

（4）train_eval.py：完成模型训练过程，保存模型。

（5）run.py：主程序入口，完成训练。

（6）predict.py 加载训练模型，完成预测。

首先创建项目工程目录 sentiment_analysis，在 sentiment_analysis 目录下创建源码文件 data_preprocess.py、utils.py、ERNIE.py、train_eval.py、run.py 和 predict.py，以及目录文件 data、ERNIE_pretrain、save_dict 和 pytorch_pretrained，分别用于存储训练集及验证集、ERNIE 文件、

模型训练文件和预训练模型代码文件。

ERNIE 情感分析的实验目录结构如图 15.6 所示。

data	文件夹	
ERNIE_pretrain	文件夹	
pytorch_pretrained	文件夹	
saved_dict	文件夹	
data_preprocess.py	Python File	3 KB
ERNIE.py	Python File	3 KB
predict.py	Python File	3 KB
run.py	Python File	2 KB
train_eval.py	Python File	6 KB
train_labled.csv	Microsoft Excel ...	35,552 KB
utils.py	Python File	4 KB

图 15.6　ERNIE 情感分析的实验目录结构

按照如下步骤分别编写代码。

（1）编写 data_preprocess.py，加载数据。

步骤一：导入模块

```
import re
import pandas as pd
from sklearn.utils import shuffle
```

步骤二：编写 clean 函数，完成数据清洗

```
def clean(text):
    # 去除正文中的@和回复/转发中的用户名
    text = re.sub(r"(回复)?(//)?\s*@\S*?\s*(:| |$)", " ", text)
    text = re.sub(r"? +"," ",text)
    text = re.sub(r"\?+", "?", text)
    text = re.sub(r"\[\S+\]", "", text)        # 去除表情符号
    text = re.sub(r"#\S+#", "", text)          # 保留话题内容
    URL_REGEX = re.compile(
        r'(?i)\b((?:https?://|www\d{0,3}[.]|[a-z0-9.\-]+[.][a-z]'
        r'{2,4}/)(?:[^\s()<>]+|\(([^\s()<>]+|(\([^\s()<>]+\)))'
        r'*\))+(?:\(([^\s()<>]+|(\([^\s()<>]+\)))*\)|[^\s`!()'
        r'\[\]{};:\'".,<>?«»""'']))',
        re.IGNORECASE)
    text = re.sub(URL_REGEX, "", text)         # 去除网址
    text = text.replace("转发微博", "")          # 去除无意义的词语
    text = re.sub(r"\s+", " ", text)           # 合并正文中过多的空格
    return text.strip()
```

步骤三：编写 datasets 函数，划分训练集和验证集

```python
def datasets(dataframe, test=False):
    dataframe = dataframe.drop_duplicates(subset='微博中文内容')
    dataframe.reset_index(drop=True, inplace=True)
    text = []
    if test   False:
        dataframe = dataframe.dropna(subset=['情感倾向'])
        dataframe.reset_index(drop=True, inplace=True)
        for i in range(len(dataframe)):
            content = clean(str(dataframe.loc[i, '微博中文内容']))
            label = dataframe.loc[i, '情感倾向']
            if label '-':
                print(content)
            if label   '-1':
                label = 2
            if len(content)<30:
                continue
            text.append((content, int(label)))
        # 打乱顺序
        text = shuffle(text, random_state=1)
        test_proportion = 0.05
        test_idx = int(len(text) * test_proportion)
        test_data = text[:test_idx]        # 验证集
        train_data = text[test_idx:]       # 训练集
        return train_data, test_data
```

步骤四：主函数处理

```python
if __name__   '__main__':
    train_path = 'train_labled.csv'
    data = pd.read_csv(train_path, encoding='GB2312',
                       encoding_errors='ignore')
    train_data, valid_data = datasets(data, test=False)
    with open("data/train.txt", "a", encoding="utf-8") as f:
        for line in train_data:
            if line[0]=='':
                continue
            f.write(str(line[0]) + '\t' + str(line[1]))
            f.write("\n")
```

```
with open("data/dev.txt", "a", encoding="utf-8") as f:
    for line in valid_data:
        if line[0]=='':
            continue
        f.write(str(line[0]) + '\t' + str(line[1]))
        f.write("\n")
print('Finish!')
```

步骤五：运行代码

使用如下命令运行实验代码。

```
python data_preprocess.py
```

通过执行上述代码，程序在 data 目录下生成 dev.txt（验证集）和 train.txt（训练集），如图 15.7 所示。

图 15.7　验证集和训练集

（2）编写 utils.py，实现文本向量表示和批量数据的加载。

步骤一：导入模块，编写 pad_sequences，完成数据长度的填充和截取

```
# coding: UTF-8
import torch
from tqdm import tqdm
import time
from datetime import timedelta
# padding 符号，ERINE 中的综合信息符号
PAD, CLS = '[PAD]', '[CLS]'
```

步骤二：编写 build_dataset 函数，读取训练集和验证集

```
def build_dataset(config):
    def load_dataset(path, pad_size=32):
        contents = []
        with open(path, 'r', encoding='UTF-8') as f:       # 读取数据
            for line in tqdm(f):
                lin = line.strip()
                if not lin:
                    continue
```

```
        # print(line)
        content, label = lin.split('\t')
        token = config.tokenizer.tokenize(content)      # 分词
        token = [CLS] + token                           # 句首加入 CLS
        seq_len = len(token)
        mask = []
        token_ids = config.tokenizer.convert_tokens_to_ids(token)

        if pad_size:
            if len(token) < pad_size:
                mask = [1] * len(token_ids) + [0] * \
                        (pad_size - len(token))
                token_ids += ([0] * (pad_size - len(token)))
            else:
                mask = [1] * pad_size
                token_ids = token_ids[:pad_size]
                seq_len = pad_size
        contents.append((token_ids, int(label), seq_len, mask))
    return contents
    train = load_dataset(config.train_path, config.pad_size)    # 训练
    dev = load_dataset(config.dev_path, config.pad_size)        # 验证
    return train, dev
```

步骤三：编写 DatasetIterater 类，完成数据的批次读取

```
class DatasetIterater(object):
    def __init__(self, batches, batch_size, device,):
        self.batch_size = batch_size
        self.batches = batches              # data
        self.n_batches = len(batches)    // batch_size
        self.residue = False             # 记录 batch 数量是否为整数
        if len(batches) % self.n_batches != 0:
            self.residue = True
        self.index = 0
        self.device = device

    def _to_tensor(self, datas):
        x = torch.LongTensor([_[0] for _ in datas]).to(self.device)
        y = torch.LongTensor([_[1] for _ in datas]).to(self.device)
```

```
        # pad 前的长度(超过 pad_size 的设为 pad_size)
        seq_len= torch.LongTensor([_[2] for _ in datas]).to(self.device)
        mask = torch.LongTensor([_[3] for _ in datas]).to(self.device)
        return (x, seq_len, mask), y

    def __next__(self):        # 返回下一个迭代器对象，必须控制结束条件
        if self.residue and self.index    self.n_batches:
            batches = self.batches[self.index *
                            self.batch_size: len(self.batches)]
            self.index += 1
            batches = self._to_tensor(batches)
            return batches

        elif self.index >= self.n_batches:
            self.index = 0
            raise StopIteration
        else:
            batches = self.batches[self.index * self.batch_size:
                            (self.index + 1) * self.batch_size]
            self.index += 1
            batches = self._to_tensor(batches)
            return batches

    def __iter__(self):
        return self

    def __len__(self):
        if self.residue:
            return self.n_batches + 1
        else:
            return self.n_batches
```

步骤四：编写 bulid_iterator 函数，完成数据的批量加载

```
def build_iterator(dataset, config, predict=False ):
    if predict True:
        config.batch_size = 1
    iter = DatasetIterater(dataset, config.batch_size, config.device)
    return iter
```

步骤五：编写 get_time_dif 函数，统计程序运行时间

```python
def get_time_dif(start_time):
    """获取已使用时间"""
    end_time = time.time()
    time_dif = end_time - start_time
    return timedelta(seconds=int(round(time_dif)))
```

（3）编写 ERNIE.py，完成模型构建和参数配置。

步骤一：导入模块

```python
# coding: UTF-8
import torch
import torch.nn as nn
# 导入预训练模型
from pytorch_pretrained import BertModel, BertTokenizer
```

步骤二：编写 Congfig 类，完成参数配置

```python
class Config(object):
    """配置参数"""

    def __init__(self, dataset):
        self.model_name = 'ERNIE'
        self.train_path = dataset + '/data/train.txt'
        self.dev_path = dataset + '/data/dev.txt'
        self.test_path = dataset + '/data/test.txt'
        self.class_list = ['中性', '积极', '消极']
        self.save_path = dataset + '/saved_dict/' + \
                    self.model_name + '.ckpt'        # 模型训练结果
        self.device = torch.device('cuda' if
                            torch.cuda.is_available()
                            else 'cpu')              # 设备
        self.require_improvement = 1000
        self.num_classes = len(self.class_list)      # 类别数
        self.num_epochs = 5                     # epoch 数
        self.batch_size = 32                    # mini-batch 大小
        self.pad_size = 128                     # 每句话处理成的长度(短填长切)
        self.learning_rate = 5e-5               # 学习率
        self.bert_path = './ERNIE_pretrain'
        self.tokenizer = BertTokenizer.\
            from_pretrained(self.bert_path)
```

```
print(self.tokenizer)
self.hidden_size = 768
self.acc_grad = 3
```

步骤三：编写 Model 类，完成 ERNIE 构建

```python
class Model(nn.Module):
    def __init__(self, config):
        super(Model, self).__init__()
        self.bert = BertModel.from_pretrained(config.bert_path)
        for param in self.bert.parameters():
            param.requires_grad = True
        self.fc = nn.Linear(config.hidden_size, config.num_classes)
    def forward(self, x):
        context = x[0]          # 输入的句子
        mask = x[2]             # 对 padding 部分进行 mask
        _, pooled = self.bert(context, attention_mask=mask,
                          output_all_encoded_layers=False)
        out = self.fc(pooled)
        return out
```

（4）编写 train_eval.py 源码文件，完成 ERNIE 的训练。

步骤一：导入模块

```python
# coding: UTF-8
import numpy as np
import torch
import torch.nn as nn
import torch.nn.functional as F
from sklearn import metrics
import time
from utils import get_time_dif
from pytorch_pretrained.optimization import BertAdam
```

步骤二：权重初始化

```python
def init_network(model, method='xavier', exclude='embedding'):
    for name, w in model.named_parameters():
        if exclude not in name:
            if len(w.size()) < 2:
                continue
            if 'weight' in name:
```

```
        if method  'xavier':
            nn.init.xavier_normal_(w)
        elif method  'kaiming':
            nn.init.kaiming_normal_(w)
        else:
            nn.init.normal_(w)
    elif 'bias' in name:
        nn.init.constant_(w, 0)
    else:
        pass
```

步骤三：编写 train 函数，完成模型训练和保存

```
def train(config, model, train_iter, dev_iter,):
    start_time = time.time()
    model.train()
    param_optimizer = list(model.named_parameters())
    no_decay = ['bias', 'LayerNorm.bias', 'LayerNorm.weight']
    optimizer_grouped_parameters = [
        {'params': [p for n, p in param_optimizer if not
        any(nd in n for nd in no_decay)], 'weight_decay': 0.01},
        {'params': [p for n, p in param_optimizer if
                any(nd in n for nd in no_decay)], 'weight_decay': 0.0}]
    optimizer = BertAdam(optimizer_grouped_parameters,
                    lr=config.learning_rate,
                    warmup=0.05,
                    t_total=len(train_iter) * config.num_epochs)
    total_batch = 0                     # 记录进行到多少 batch
    dev_best_loss = float('inf')        # 正无穷
    last_improve = 0                    # 记录上次验证集 loss 下降的 batch 数
    flag = False                        # 记录是否很久没有效果提升
    dev_f1_score = []
    model.train()

    for epoch in range(config.num_epochs):
        print('Epoch [{}/{}]'.format(epoch + 1, config.num_epochs))
        # trains, labels > (x, seq_len, mask), y
        for i, (trains, labels) in enumerate(train_iter):
            outputs = model(trains)
            model.zero_grad()
```

```python
        loss = F.cross_entropy(outputs, labels)
        loss = loss / config.acc_grad
        loss.backward()
        if (i+1) % config.acc_grad   0:    # 梯度累加
            optimizer.step()
        if total_batch % 1   0:
            # 每多少轮输出在训练集和验证集上的效果
            true = labels.data.cpu()
            predic = torch.max(outputs.data, 1)[1].cpu()
            train_f1 = metrics.f1_score(true, predic, average='macro')
            dev_f1, dev_loss = evaluate(config, model, dev_iter)
            dev_f1_score.append(dev_f1)
            if dev_loss < dev_best_loss:
                dev_best_loss = dev_loss
                torch.save(model.state_dict(), config.save_path)   # 单 gp
                improve = '*'
                last_improve = total_batch
            else:
                improve = ''
            time_dif = get_time_dif(start_time)
            msg = 'Iter: {0:>6},  Train Loss: {1:>5.2},  ' \
                  'Train F1: {2:>6.2%},  Val Loss: {3:>5.2},  ' \
                  'Val F1: {4:>6.2%},  Time: {5} {6}'
            print(msg.format(total_batch, loss.item(),
                             train_f1, dev_loss,
                             dev_f1, time_dif, improve))
            model.train()
        total_batch += 1
        if total_batch - last_improve > config.require_improvement:
            # 验证集 loss 超过 1000batch 没下降，结束训练
            print("自动停止")
            flag = True
            break
    print('Epoch {} Average F1-Score: {}'.
          format(epoch + 1, np.mean(dev_f1_score)))
    if flag or epoch   config.num_epochs-1:
        '''

            指标优化
        '''
```

```
    logits_res = []
    print('开始进行指标优化')
    for i ,(trains, lables) in enumerate(train_iter):
        logits = model(trains)
        logits = logits.data.cpu().numpy()
        lables = labels.data.cpu().numpy()
        logits_res.append(logits)
    print(lables)
    print(logits_res)
    break
```

步骤四：编写 evaluate 函数，完成模型的评估

```
def evaluate(config, model, data_iter, test=False):
    model.eval()
    loss_total = 0
    predict_all = np.array([], dtype=int)
    labels_all = np.array([], dtype=int)
    with torch.no_grad():
        for texts, labels in data_iter:
            outputs = model(texts)
            loss = F.cross_entropy(outputs, labels)
            loss_total += loss
            labels = labels.data.cpu().numpy()
            predic = torch.max(outputs.data, 1)[1].cpu().numpy()
            labels_all = np.append(labels_all, labels)
            predict_all = np.append(predict_all, predic)

    f1 = metrics.f1_score(labels_all, predict_all, average='macro')
    if test:
        report = metrics.classification_report(labels_all,
                        predict_all,
                        target_names=config.class_list,
                        digits=4)
        confusion = metrics.confusion_matrix(labels_all, predict_all)
        return f1, loss_total / len(data_iter), report, confusion
    return f1, loss_total / len(data_iter)
```

（5）编写 run.py 源码文件，实现主程序入口。

步骤一：导入模块

```python
import time
import torch
import numpy as np
from train_eval import train
from importlib import import_module
import argparse
# 数据预处理
from utils import build_dataset,build_iterator, get_time_dif
```

步骤二：设置超参数

```python
parser = argparse.ArgumentParser(description='Sentiment Analysis')
parser.add_argument('--model', type=str, required=True,
                    help='choose a model: Bert, ERNIE')
args = parser.parse_args()
```

步骤三：主函数处理

```python
if __name__ == '__main__':
    dataset = '.'                                # 数据集
    model_name = args.model                      # ERNIE
    x = import_module('models.' + model_name)
    config = x.Config(dataset)
    np.random.seed(1)
    torch.manual_seed(1)
    torch.cuda.manual_seed_all(1)
    torch.backends.cudnn.deterministic = True   # 保证每次结果一样

    start_time = time.time()
    print("Loading data...")
    train_data, dev_data = build_dataset(config)
    train_iter = build_iterator(train_data, config)
    dev_iter = build_iterator(dev_data, config)
    time_dif = get_time_dif(start_time)
    print("Time usage:", time_dif)
    # GPU 执行
    model = x.Model(config).to(config.device)
    train(config, model, train_iter, dev_iter)
```

步骤四：运行代码

使用如下命令运行实验代码。

```
python train.py -model ERNIE
```

通过执行上述代码，程序在控制台输出的结果如下所示。预训练模型的执行时间较长，应使用 GPU 执行算法，程序运行结束后会在 saved_dict 文件夹下生成 ERNIE.cpkt 模型文件。

```
Loading data...
10000it [00:05, 1989.89it/s]
4505it [00:02, 2041.49it/s]
Time usage: 0:00:07
Epoch [1/5]
Iter:      0,  Train Loss:  0.38,  Train F1: 21.01%,  Val Loss:   1.1,  Val
F1: 28.56%,  Time: 0:00:20 *
Iter:      1,  Train Loss:  0.36,  Train F1: 29.26%,  Val Loss:   1.1,  Val
F1: 28.56%,  Time: 0:00:37
Iter:      2,  Train Loss:  0.39,  Train F1: 11.43%,  Val Loss:   1.1,  Val
F1: 28.56%,  Time: 0:00:54
Iter:      3,  Train Loss:  0.38,  Train F1: 23.93%,  Val Loss:   1.1,  Val
F1: 28.56%,  Time: 0:01:13
Iter:      4,  Train Loss:  0.38,  Train F1: 24.38%,  Val Loss:   1.1,  Val
F1:
    …
```

（6）编写 predict.py 源码文件，调用 ERNIE.cpkt 模型文件完成预测。

步骤一：导入模块，设置超参数

```
import torch
import numpy as np
from data_preprocess import clean
from ERNIE import Config
from ERNIE import Model
from utils import build_iterator
PAD, CLS = '[PAD]', '[CLS]'  # padding 符号，bert 中的综合信息符号
```

步骤二：编写 load_dataset 函数，实现预测数据的文本向量化

```
def load_dataset(data, config):
    pad_size = config.pad_size
    contents = []
    for line in data:
        lin = clean(line)
        token = config.tokenizer.tokenize(lin)        # 分词
        token = [CLS] + token                          # 句首加入 CLS
```

```
        seq_len = len(token)
        mask = []
        token_ids = config.tokenizer.convert_tokens_to_ids(token)
        if pad_size:
            if len(token) < pad_size:
                mask = [1] * len(token_ids) +\
                        [0] * (pad_size - len(token))
                token_ids += ([0] * (pad_size - len(token)))
            else:
                mask = [1] * pad_size
                token_ids = token_ids[:pad_size]
                seq_len = pad_size
        contents.append((token_ids, int(0), seq_len, mask))
    return contents
```

步骤三：编写 match_label 函数和 final_predict 函数，完成预测

```
def match_label(pred, config):
    label_list = config.class_list
    return label_list[pred]
def final_predict(config, model, data_iter):
    map_location = lambda storage, loc: storage
    #   加载训练好的模型
    model.load_state_dict(torch.load(config.save_path,
                            map_location=map_location))
    model.eval()  # 开启验证模型
    predict_all = np.array([])
    with torch.no_grad():
        for texts, _ in data_iter:
            outputs = model(texts)
            pred = torch.max(outputs.data, 1)[1].cpu().numpy()
            pred_label = [match_label(i, config) for i in pred]
            predict_all = np.append(predict_all, pred_label)
    return predict_all
```

步骤四：主函数处理

```
def main(text):
    dataset = '.'
    config = Config(dataset)
```

```
model = Model(config).to(config.device)
test_data = load_dataset(text, config)
test_iter = build_iterator(test_data, config,predict=True)
result = final_predict(config, model, test_iter)
for i, j in enumerate(result):
    print('text:{}'.format(text[i]))
    print('label:{}'.format(j))
if __name__    '__main__':
test = ['封城封路不封心，元宵问候如见人。岁月静好情谊真，'
        '互报平安都放心。祝大家元宵节节日快乐哈！中国加油！武汉加油！'
main(test)
```

步骤五：运行代码

使用如下命令运行实验代码。

```
python predict.py
```

通过执行上述代码，程序在控制台输出的结果如下所示：

```
text:封城封路不封心，元宵问候如见人。岁月静好情谊真，互报平安都放心。祝大家元宵节节日
快乐哈！中国加油！武汉加油！
label:积极
```

4.　实验小结

本章使用预训练模型实现了文本情感分析的任务。从程序运行结果可以看出，模型可以对输入的文本预测其情感类型，读者也可以通过对原始数据进一步处理，以获得更好的训练结果。

本章总结

- 本章介绍了情感分析的基本概念和用途。
- 本章介绍了实现情感分析的基本流程。
- 本章重点介绍了 ERNIE 的基本原理和网络结构。
- 本章介绍了基于 ERNIE 的中文情感分析综合案例。

作业与练习

1. [多选题] 情感分析的文本预处理步骤包含（　　）。

    A．中文分词技术　　　　　　　　　　B．去除停用词

    C．问题特征提取　　　　　　　　　　D．文本分类

2. [单选题] 下列（　　）架构可以更快地训练，并且只需要更少的数据。

    A．Transformer　　　　　　　　　　B．ELMo

    C．seq2seq　　　　　　　　　　　　D．LSTM

3. [单选题] 下列不属于 ERNIE 特点的是（　　）。

    A．采用实体和短语级别的 mask

    B．基于 Transformer 的 encoder 架构

    C．基于 seq2seq 的 encoder-decoder 架构

    D．ERNIE 比 Bert 使用了更多的训练数据

4. [单选题] （　　）从左到右和从右到左训练两个独立的 LSTM 语言模型，并将它们简单地连接起来。

    A．GPT　　　　　　　　　　　　　　B．BERT

    C．ERNIE　　　　　　　　　　　　　D．ELMo

5. [单选题] （　　）算法可以用于情感分析。

    A．朴素贝叶斯分类算法　　　　　　　B．BERT

    C．ERNIE　　　　　　　　　　　　　D．以上都可以

NLP-15-c-001

反侵权盗版声明

电子工业出版社依法对本作品享有专有出版权。任何未经权利人书面许可，复制、销售或通过信息网络传播本作品的行为；歪曲、篡改、剽窃本作品的行为，均违反《中华人民共和国著作权法》，其行为人应承担相应的民事责任和行政责任，构成犯罪的，将被依法追究刑事责任。

为了维护市场秩序，保护权利人的合法权益，我社将依法查处和打击侵权盗版的单位和个人。欢迎社会各界人士积极举报侵权盗版行为，本社将奖励举报有功人员，并保证举报人的信息不被泄露。

举报电话：（010）88254396；（010）88258888

传　　真：（010）88254397

E-mail：　dbqq@phei.com.cn

通信地址：北京市万寿路 173 信箱

　　　　　电子工业出版社总编办公室

邮　　编：100036